AF354389

Paul Scheerbart

Das Perpetuum Mobile

e-artnow 2018

Paul Scheerbart

Das Perpetuum Mobile

Die Geschichte einer Erfindung

e-artnow, 2018
Kontakt: info@e-artnow.org

ISBN 978-80-268-8518-4

Inhaltsverzeichnis

Einführung

Der alte Herr sprang in seinem Laboratorium auf einen kleinen Tisch, räusperte sich heftig und sagte: »Meine Herren, jetzt werde ich mal eine Rede reden. Ich bin ja kein geübter Redner. Aber ich hoffe doch, daß ich mich Ihnen verständlich machen kann. Ich behaupte, daß die Europäer und besonders die Deutschen ihren berühmten Männern der Wissenschaft allzu viel Hochachtung entgegenbringen; allzu viel! Wenn Einer eine halbwegs vernünftige Ansicht geäußert oder etwas Imposantes erfunden hat, wird er gleich eine Autori-tät<. aber="" alle="" alles="" als="" also="" an="" anzweifeln="" auch="" auf="" aus="" beispiel="" bekanntlich="" bemerkung="" bequem="" besch="" bestreiten.="" beteten="" bewegung="" buch="" da="" dabei="" dann="" das="" dem="" den="" denn="" der="" die="" diese="" diese:="" diesem="" doch="" drei="" ein="" eine="" eines="" einsah="" energie="" energie.="" energisch="" ent-stand="" er="" erdboden="" erhaltung="" es="" feier="" for-mulirt.="" ganz="" gar="" geben="" geht="" gehts="" geistreicher="" gem="" gesagte="" gesetz="" gesetzgebung="" gleich="" gro="" h="" hat="" herren="" herrliches="" herunter="" heruntergeht.="" hervorgeht="" hier="" hinaufgehoben="" hindurch="" ich="" ichs="" ihnen="" illustriren.="" im="" in="" ist="" ja="" jahr="" jahre="" k="" kann="" kern="" klar="" kommen.="" l="" lange="" last="" lastmo="" m="" mal="" mann="" mayer="" meine="" mit="" mobile="" moderne="" mu="" n="" nach="" nicht="" niemand="" noch="" nun="" nur="" ohne="" perpetuirlich="" perpetuum="" problem="" r="" robert="" sache="" sagen="" sagt="" sagte="" schlo="" sechzig="" sehr="" sei.="" sein="" sein.="" selbst="" setzt="" sich="" sich:="" sie="" so="" soll="" sonst="" system="" unber="" und="" unm="" untersuchen.="" vern="" verzapfte="" von="" vorge="" vortreff="" vortreffliches="" wahr="" wahrscheinlich="" warum="" was="" weis="" welche="" wenn="" wer="" wieder="" wir="" wird="" wissenschaftler="" wohl="" wollen="" zu="">
Was man heute nicht gefunden, kann man doch wohl morgen noch finden. Außerdem: jedes Mühlrad in eisfreiem Fluß, der niemals austrocknet, ist ein Perpetuum Mobile. Bei diesem ar-rangirt allerdings die Verdunstung des Wassers das Wiederhin-aufheben der Last. Aber dieses Wiederhin-aufheben wird von der Sonne perpetuirlich besorgt. Ich glaube, die Herren Physiker können sich noch nicht bei ihren kosmischen Betrachtungen mit ihrer Phantasie außerhalb der Erdathmosphäre hinstellen und von dort aus die sehr merkwürdige perpetuirliche Anziehung-arbeit der Erde beobachten. Diese Anziehungarbeit in perpetuirliche Bewegung umzusetzen, mag ja nicht so ganz leicht sein: für unmöglich dürfen wirs aber nicht halten. Diese Umsetzung von Anziehungarbeit in Bewegung wird von dem Prinzip der Erhaltung der Energie gar nicht berührt. Tote Kraft giebts allerdings auf dieser Erde nicht. Jeder ruhende Gegenstand drückt; und leistet damit Arbeit. Die Physik mag eine sehr schwierige Sache sein. Das berechtigt aber keinen, dummes Zeug auf dem Gebiete dieser herrlichen Wissenschaft zu behaupten und zu glauben. Außerdem erkläre ich

Ihnen, daß ich noch keinen Techniker kennen gelernt habe, der nicht im Geheimen ein Per-petuum Mobile zu erfinden versucht hatte.« Der alte Herr stieg vom Tisch runter und trank drei Cognacs, ohne sich hinzusetzen. Da sagte ich: »Sehr geehrter Herr Laboratoriumsdirektor, ich bin durchaus Ihrer Ansicht und ich habe mich auch zwei Jahre und ein halbes hindurch bemüht, einen transportablen Lastmotor, der nur durch Auflage eines Gewichtes perpetuirlich funktionirt, zu erfinden. Ich glaube, daß mirs gelungen ist. Jedenfalls habe ich ein Buch darüber geschrieben, das, unter dem Titel »Das Perpetuum Mobile«, mit sechsundzwanzig Zeichnungen im Buchhandel käuflich zu erwerben ist.«

»Das ist ja ganz famos!« sagte der Direktor; »ich gratulire Ihnen!«

»Ich gratulire mir auch!« sagte ich freundlich.

Die Geschichte einer Erfindung

»Je größer die Verzweiflung – um so näher ist man den Göttern. Die Götter wollen uns zwingen, dem Grandiosen immer näher zu kommen. Und sie haben kein anderes Mittel zum Zwingen – als die Misere. Nur in der Misere wachsen die großen Hoffnungen und die großen Zukunftspläne.«

Diese Sätze hielt ich lange Zeit hindurch wie ein Glaubensbekenntnis fest. Aber dieses Glaubensbekenntnis sollte mal eine starke Erschütterung erleben.

Und das kam so:

Am 27. Dezember 1907 dachte ich über kleine Geschichten nach, in denen etwas Neues – Verblüffendes – Groteskes – vorkommen sollte. Ich dachte an die Zukunft der Kanonen, die mir als Transportapparate sehr nützlich erschienen; ich glaubte, daß abgeschossene Waren mit automatisch sich öffnender Fallschirmvorrichtung ganz bequem wieder zur Erde herunterkommen könnten.

Und ich stellte mir danach die ganze Erdluft von Drahtseilbahnen, durchspannt vor. Besonders sympathisch wirkten auf

mich die Drahtseilbahnen, die von ganz hohen Bergen herunterkamen. Ich dachte an Ballons als Seilbahnträger bei Nordpolfahrten und dann an Riesenräder, die auf allen Landbahnen nach meiner Meinung viel schneller dahinrollen könnten als die jetzt gebräuchlichen kleinen Räder.

Dabei schien es mir nur natürlich, den Wagen ins Rad zu setzen. Das war jedenfalls etwas Neues.

Ich stellte mir das große Doppelrad a speichenlos vor (Fig. 1) und hing den Wagen R an die Doppelräder b und c, die in der Doppelstange f g befestigt wurden. Die Räder d und e waren zur Sicherheit da, damit b und c nicht von a runterfallen konnte. Wurde nun a geschoben, so bewegten sich die kleinen Räder auch. Alle Räder konnten natürlich auch Zahnräder sein.

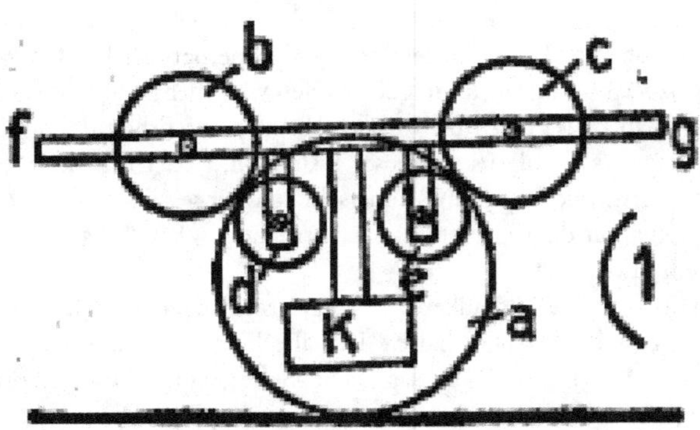

Hing ich nun aber an f ein Gewicht L, das dem Gewicht von R nicht viel nachgab, so ergab sich (Fig. 2) die Bewegung aller Räder in der angegebenen Pfeilrichtung. Und zwar: das ganze System bewegte sich nur durch Gewichtsauflage – das Perpetuum mobile war nach meiner Meinung fertig.

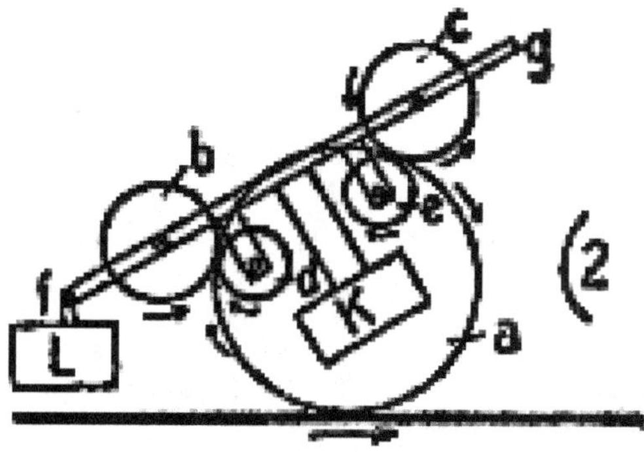

»Durch Gewichte bewegtes Zahnrad« nannte ich die Geschichte. Ich sagte mir: die Anziehungskraft der Erde ist eine perpetuierliche, und diese perpetuierliche Anziehungsarbeit läßt sich durch aufeinander gestellte Räder in perpetuierliche Bewegung umsetzen.

Daß jeder Physiker widersprechen würde, wußte ich sehr genau. Aber darin bestand ja ein Hauptreiz für mich. Die Physiker waren mir immer verhaßt. Was ging mich Robert Mayer – und das Gesetz von der Erhaltung der Energie an?

Wohl schien mir gleich etwas fraglich, ob Rad c auch in der Pfeilrichtung sich bewegen würde. Aber ich dachte nun zunächst nicht weiter über die Sache nach und glaubte, c würde schon mitgerissen werden.

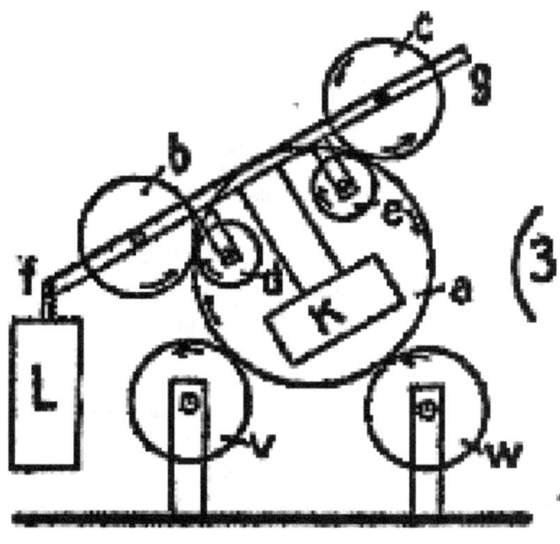

Wenn ich a auf zwei andere feststehende Räder v und w setzte (Fig. 3), war die durch Gewichte bewegte Baggermaschine fertig. Mit der ließen sich Kanäle bauen – man brauchte nur 100 000 Räder in Bewegung zu setzen – und in drei Tagen wäre ein Kanal Berlin-Paris fertig.

Die Verdoppelung der Marskanäle war somit erklärt: die Marsbewohner hatten eben bereits das Perpetuum mobile entdeckt.

Dieses alles hatte ich in ein paar Stunden zusammengedacht – und da wurde denn meine Phantasie etwas wild. Und es gelang mir vorläufig nicht, die drei Zeichnungen genauer zu prüfen.

Ich dachte: so einfach wird ja die Sache jedenfalls nicht sein – aber gehen wird's schließlich doch.

Und wenn ich auch des Morgens immer zweifelte, so war ich doch des Abends immer wieder fest davon überzeugt.

Und ich zeichnete in den nächsten Tagen ein paar hundert Räder – eigentlich immer wieder dasselbe.

Die Sache kam mir zuweilen sehr spaßhaft vor.

»Wer hätte das gedacht,« sagte ich öfters, »daß ich noch mal das Perpetuum mobile erfinden würde. Dadurch ist ja die Menschheit von aller Arbeit erlöst. Der Stern Erde arbeitet für uns. Die von mir so viel gepriesene Misere hat ein Ende.«

Ich ließ mir dann beim Klempner ein paar Blechräder herstellen und kaufte mir auch andre Räder. Das Modell war aber so klein, daß sich alle Räder gar nicht ordentlich bewegen wollten. Und ich kam gar nicht dazu, Gewichte anzubringen. Ich war zu ungeschickt.

Diese ersten mißglückten Versuche hielten mich aber nicht ab, mit die weiteren

Ronsequenzen der großen Entdeckung auszumalen, an die ich, wie ich schon sagte, Morgens immer zweifelte und Abends immer glaubte. Das Rad c kam mir öfters sehr bedenklich vor.

Ein paar Notizen aus jener Zeit werden meinen damaligen Zustand sehr deutlich machen:

7. Januar 1908

Das ganze Potentatenspiel ist gar nichts gegen diese Radgeschichte. Sie macht Alles möglich – besonders eine elektrische Beleuchtung in der Nacht, daß Alles starr sein wird. Diese Lichtge-schichte ist kaum auszudenken. Man kann ja verschwenderisch mit der Elektrizität umgehen und in allen Farben immerzu Alles illuminieren -überall – wo man geht und steht.

8. Januar 1908

Wie sich die Luftschiffer freuen werden über die Lichtmassen. Alle Kirchtürme können ja von oben bis unten mit Licht überschwemmt werden. Ganz große Berge lassen sich ebenso illuminieren. Und dann die leuchtenden Wagen und die Hausdächer und die kolossalen Licht-straßen – und
die Kanalufer...

Dazu kommt noch die Durchleuchtung des Wassers, das ja so durchleuchtet werden kann, daß die Fische gar nicht aus dem Staunen rauskommen könnten.

Was nur die andern Planetenbewohner dazu sagen werden, wenn sie die Nachtseite der Erde so fabelhaft erleuchtet sehen!

Das muß doch ein Ereignis in unserm Sonnensystem genannt werden!

Schließlich brauchen wir die Sonne gar nicht mehr...

9. Januar 1908

Ich sehe Tag und Nacht immerfort Räder vor meinen Augen – was ich auch daneben sonst noch denken mag – immer Räder -Räder – es ist beinah unheimlich.

Ich glaube nicht mehr, daß ich das alles mache – das macht ein Andrer in mir. Ich beschäf-tige mich einfach wider meinen Willen mit dem alten Problem. Vielleicht ist dieser passive Zustand für alle Künstler und Erfinder das beste – dann kann der Andre in uns am leichtesten wirksam werden.

Mich beschäftigen jetzt auch immerzu die großen Bauten, die da kommen werden.

Architektonische Behandlung der Gebirgspartieen wäre jetzt nicht mehr utopisch wenn das Rad geht.

Immer wieder dieses komische Wenn!

Jedenfalls sind die Utopien unter den Tisch gefallen -wenn' s geht.

Überhaupt: mit den Utopien hat sich die Menschheit ein bißchen blamiert – ein paar Räder bringen eine größere Revolution hervor als sämtliche Denkerköpfe der Menschheit zusammen.

Ob wohl jemand eine Utopie schreiben möchte, die 100 Jahre nach der endgültigen Erfindung des Perpetuum mobile spielt?

Dreist genug sind manche Leute; es gibt so viele übermütige Leute, die noch niemals Furcht vor der Blamage gezeigt haben

12. Januar 1908

Mit meinem Modell ist nichts anzufangen. Das behindert aber den Strom meiner Phantasie nicht im mindesten. Ich bedaure nur, daß mein Glaubensbekenntnis von der entwicklungsfördernden Misere so heftig ins Schwanken kommt.

13. Januar 1908.

Kanalbauten in der Sahara könnten doch die ganze Wüste fruchtbar machen.

Überhaupt: Wenn man allen Flüssen der Erde beliebige neue Wege anweisen könnte, so wäre doch eine fabelhafte Steigerung der irdischen Fruchtbarkeit zu erzielen.

Also: Wüstenkultur im großen Stil.

Dagegen ist der Panamakanal eine Bagatelle.

Es lohnt kaum, darüber zu sprechen...

Wie ich lachen werde – wenn's geht...

Aber vielleicht lach ich auch nicht.

Es liegt etwas Dilettantisches darin, wenn man alles gleich in Wirklichkeit ausgeführt sehen will.

Ludwig II., der in Lohengrinrüstung auf seinem künstlichen See herumfahren mußte, um die ganze Lohengrinstimmung auszukosten, kam mir immer fürchterlich vor.

Es liegt etwas Armseliges in denen, die alles wirklich haben wollen.

14. Januar 1908.

Früher – einst – versetzte man Uhren.

Jetzt – kann man Berge versetzen.

So könnte man auch sagen – wenn das Rad geht – was ja noch nicht feststeht.

Vorläufig steht's.

Aber wenn's erst geht, ist tatsächlich Alles möglich. Vielleicht haben die Marsbewohner mit ihrem Perpeh bereits alle ihre Berge abgeschaufelt.

Vielleicht – machen wir das auch.

Schön wär's ja nicht, wenn alle Gebirge auf der Erde verschwänden – im Gegenteil – ich halte die Idee für entsetzlich.

Aber – vielleicht ist es praktisch.

Man könnte dann Dämme bauen mitten durch den atlantischen Ozean und mitten durch den stillen Ozean.

Und man könnte auch die Ostsee und das mittelländische Meer ausschöpfen.

Das ist alles absolut nicht unmöglich, wenn das Rad geht

15. Januar 1908

Man dachte mal daran, die Linien des pythagoräischen Lehrsatzes in den Sand der Sahara in Kolossaldimensionen einzu graben, um den Marsbewohnern ein ver ständliches Zeichen zu geben – vielleicht denkt man jetzt daran, die Linien des Per-peh in sieben Meilen starker Breite als Lichtstreifen in die Sahara zu setzen.

Drollig ist es nur, daß diese Linien noch gar nicht feststehen – Rad c kommt mir immer bedenklicher vor.

Lachen würde ich auch, wenn gar nichts aus der Geschichte würde.

Dann wäre doch wieder mal bewiesen, daß das einzige Heil in der Phantasie zu suchen ist.

Und mein Glaubensbekenntnis von der
entwicklungsfördernden Misere käme
wieder zu erhöhter Anerkennung

18. Januar 1908.

Ich habe drei Tage über einen großen Architekturpark nachgedacht. Und er wurde immer größer.

Es ist zweifellos, daß man die Architektur erst auf eine höhere Höhe heben muß, bevor sie an die kolossalen Aufgaben der Perpehzukunft rantreten kann.

Schon der einfache Hausbau genügt uns heute nicht mehr. Es müssen doch noch mehr neue Baumaterialien ausgeprobt werden. Und dann – bei der einfachen
rechtwinkligen Baukunst kann es doch nicht immer bleiben. Und selbst diese würde durch umfangreiche Modellbauten erst richtig gefördert werden.

Das alles kann nur eine permanente Architekturausstellung.

Ich dachte anfänglich, daß ein beliebiges Stück Land hierzu genügen könnte.

Aber das genügt nicht, da ja der zukünftige Architekt kolossale Terrainbehandlung zunächst ins Auge fassen muß. Wie ist die in kleinem Modell anschaulich zu machen?

Ich dachte anfänglich an den Spreewald und dann wollte ich den Schwarzwald zu Ausstellungszwecken ankaufen. Ich glaube jetzt aber, daß sich am besten der ganze Harz eignet. Da kann man beliebig die ganze Gegend umgraben und die großen Pläne im Kleinen zeigen.

Eigentlich ist die Geschichte ein bißchen sehr großartig. Aber das scheint nur so.

Der einfache Alltagsmensch gewöhnt sich sehr schwer an große Pläne.

Das wird aber alles anders werden -wenn das Rad erst geht – was es heute allerdings noch nicht tut.

23. Januar 1908.

Man vergißt bei der Geschichte immer wieder so viel.

Es ist leider sicher, daß zunächst alle Menschen fahren werden – mit ihren kleinen und großen Perpehs.

Der wohlhabende Mann wird hinter sich auch seine Gemüsegärten und seine Schweins- und Ochsenställe fahren lassen – denn das Perpeh kostet ja nicht viel – es fährt, so lange die Räder halten. Und demnach haben wir in der ersten Zeit eine totale Auflösung der verschiedenen Vaterländer zu erwarten.

Mit den Sprachen wird es auch sehr eigentümlich werden. Aber ich hoffe doch, daß sich die ersten Rultursprachen erhalten können.

Die deutsche Sprache muß jedenfalls gerettet werden, sonst werden meine Bücher ganz und gar unverständlich. Und das würde mich doch in eine gelinde Raserei versetzen.

Ist man aber erst ein weniger ruhiger geworden, so wird man das Fahren als lästig empfinden und an einen imposanteren Zeitvertreib denken – wenn nicht die ganze Menschheit plötzlich verdummt und nur an Regelschieben und Skatspielen denkt – was leider durchaus nicht so unwahrscheinlich ist. Und das ist auch so ein Dorn an diesem Rosenstrauch. Es ist so usuell, daß die Leute, wenn sie nicht mehr an die notwendigsten Bedürfnisse des Lebens zu denken brauchen, an Intelligenz selten zunehmen – vielmehr immer mehr so tun, wie die, denen das Denken auf ihrem Lebenspfade abhanden kam...

25. Januar 1908.

Gestern habe ich mich wieder den ganzen Tag mit diesem Modell abgequält und schließlich die Hälfte aller Lötstangen entzweigebrochen. Ich habe vom Klempnerhandwerk keine Ahnung, und es kommt mir diese handwerkliche Tätigkeit sehr lächerlich vor.

Jedenfalls müssen riesige Sternwarten gebaut werden – alles Geld, das ich durch das Perpeh erobre, lege ich sofort in Sternwarten an – die bringen ganz bestimmt nichts ein – und man kann mir nicht Gewinnsucht vorwerfen, wenn ich sie baue. Aber die Astronomen und die Optiker können sich freuen.

Wenn man mehrere Sternwarten zu gleicher Zeit baut, so wird man die einzelnen nicht in der Größe des Kölner Doms bauen können, und ich möchte gleich jede dreimal so groß als den Kölner Dom bauen – mit ungeheuerlichen domartigen Sitzungssälen und mächtigen Bibliotheken.

Wenn man sich so gar nicht mehr um des Lebens Notdurft zu kümmern braucht und das braucht man nicht, wenn die Perpehs alles ohne unser Zutun besorgen so muß man sich doch mit Dingen befassen, die weiterab liegen – das Irdische kann man doch nicht ohne Unterbrechung bewundern.

Und so wird man sich gezwungenermaßen mit astralen Angelegenheiten befassen müssen.

Und das ist mir das Köstlichste an dieser ganzen phantastischen Radgeschichte...

27. Januar 1908.

Eine große Zeitung muß natürlich auch gleich gegründet werden. Diese Gründung geht sogar allen anderen Gründungen voran.

Tageszeitung natürlich!

»Die vereinigten Staaten von Europa«

möchte ich sie nennen – die Politik kommt als Geschäftssache in den Inseratenteil -das Lokale fällt fort. Und alle Seiten werden angefüllt mit Literatur, Technik, Kunst und Wissenschaft.

Da kann man zunächst die großen Pläne erörtern – und nebenbei gleich ganz energisch die Literatur fördern.

Ich fürchte nur, daß die Literatur am allerwenigsten durch Geld gefördert werden kann.

Und das macht mich eigentlich melancholisch.

Fast möchte ich wünschen, daß das Rad nicht geht. Die Literatur wird durch das Nichtgehen des Rades mehr gefördert als durch das Gehen des Rades – das weiß ich ganz genau.

Ich glaube einfach nicht daran, daß eine Zeit des wirtschaftlichen Aufschwunges literaturfreundlich wirkt.

Man sehe sich daraufhin die schwungvolle Literaturentwicklung in der ersten Hälfte des neunzehnten Jahrhunderts an -und dann den Niedergang in der zweiten Hälfte des vorigen Jahrhunderts, als wirtschaftlich alles bergauf ging. Ich habe hier nur die deutsche Literatur im Auge. In andern Ländern werden wir vielfach dasselbe in ähnlichen Zeiten konstatierenkönnen, wenn nicht andre Faktoren mitwirken – wie in der Renaissancezeit Italiens ..

29. Januar 1908.

Ein großer neuer Verlag mit Riesenkapital dürfte auch nur die Buchausstattung fördern – nicht das, was zum Lesen dasein soll.

30. Januar 1908.

Jetzt kommt mir noch jemand und will Theater gründen. Die entwickeln sich auch nicht im Glanz des Goldes – in dem entwickeln sich die Tingeltangel.

Jetzt bin ich wirklich müde, an all die großen Pläne zu denken – mir kommen plötzlich die Schattenseiten dieser neuen Zeit zum Bewußtsein. Und ich sehe plötzlich nur noch Schatten – wo so lange so viel Licht war.

Schließlich ist doch noch nicht das Ende der Satirenzeit da.

Wenn's aber nach der Erfindung des Perpehs noch stumpfsinniger wird als bisher – so muß man sich doch eigentlich hüten, das Perpeh zu Ende zu erfinden.

Ich freue mich darum eigentlich, daß das Ding heute tatsächlich noch nicht geht.

Und morgen wird es auch noch nicht gehen – darauf möchte ich wetten.

Das beruhigt mich ein wenig.

Man ersieht aus diesen Notizen, wie heftig mich die Idee gepackt hatte; sie ließ mich nicht mehr los. Wohl nahm ich sehr oft alles komisch; aber es gelang mir doch nicht immer, die komischen Seiten zu entdecken.

Das Experimentieren mit dem primitiven Modell brachte keinen Abschluß; ich hatte von allen handwerklichen Betätigungen keine blasse Ahnung. Und glücklicherweise fehlte mir das Geld, das, was ich zusammendachte, von Andern praktisch ausführen zu lassen. Hätte ich das Letztere tun können, wäre ich vielleicht sehr schnell von der ganzen Idee abgekommen, denn das Rad c hinderte tatsächlich die ganze Geschichte, da dieses Rad nicht in der Pfeilrichtung sich bewegen konnte und mithin das ganze System in jedem Falle zum Stillstande zwang.

Das aber ahnte ich nur, sah es keineswegs ein, und so arbeitete meine Phantasie »gegen meinen Willen« unablässig weiter. Wohl wollte ich immer das ganze Rad c beseitigen, aber dazu fehlte mir vorläufig jeder Einfall.

Das Technische an der Sache interessierte mich auch noch gar nicht, da ich mich niemals in meinem Leben viel mit technischen Fragen abgequält hatte, und die Mechanik interessierte mich nie.

Obwohl ich mir täglich mindestens fünfzigmal das Rädersystem in allen möglichen Variationen aufzeichnete und immer wieder über die Sache nachdachte, schweifte meine Phantasie doch immer über die Sache hinaus und nahm für fertig, was keineswegs fertig war.

Ein besonderes Vergnügen machte mir die schiefe Stellung der Rutsche im Rade, und ich bevölkerte alle Landstraßen mit fabelhaften Vehikeln, die mir viel lustiger erschienen als die Automobile und Rutschen mit ihren primitiven kleinen Rädern unter dem Wagen.

Und dann beschäftigte mich der Ausstellungspark fast den ganzen Februar hindurch.

Hier ein paar Notizen darüber:

7. Februar 1908.

Wenn man freistehende Drahtwände im Garten anbringt und diese mit rankenden Gewächsen überzieht, so lassen sich Alleen herstellen, die denen ähnlich sind, die man in der Rokokozeit durch rechtwinklig beschnittene Bäume herstellte.

Mit solchen Rankenwänden lassen sich Lauben und Terrassen im Villenstil zusammenbauen. Es ist merkwürdig, daß man an derartig leicht herzustellende Garteneffekte noch gar nicht gedacht hat.

Eine große Terrassenarchitektur kann somit durch rankende Pflanzen auf Drahtwänden – vorgespiegelt werden – der Effekt kann auf hügeligem Terrain großartig werden.

11. Februar 1908.

Ein Garten, dessen Teile verstellbar sind.

Transportable Hecken.

Transportable Terrassen.

Und besonders: transportable Beete.

Beleuchtung Abends durch Glasplatten, die von unten aus erleuchtet werden.

An Retten hängende Blumenkorbguir-landen.

Riesige Mastbäume mit blühenden Blumen in Erdkörben, die beweglich sind -rauf und runter zu ziehen – und sich auch um den Mastbaum langsam drehen können. Die Blumen müssen aus den Körben lang heraushängen.

Verstellbare Blumendrahtwände.

Wände zum Schutz gegen den Wind.

Das Bewegliche muß im Garten die Oberhand gewinnen: Pflanzen auf großen Gestellen, die gefahren werden können -mit Perpeh.

»Bewegliche« Beleuchtung.

Schwimmende Beete in den Teichen.

Automatisch bewegte große Fächer mit glänzenden Glasstücken.

Usw. usw. usw.

13. Februar 1908.

Wenn man Maschinen hat, die nur durch Gewichtsauflage perpetuierlich funktionieren, so kann man Terrainveränderungen im allergrößten Stile vornehmen -dann ist man wirklich so weit, die allergrößten Gebirge nach rhythmischen Verhältnissen zu gliedern – zu vertiefen und zu erhöhen – so wie man will.

Eine kolossale Raumkunst kann dann geschaffen werden.

Und der Harz eignet sich sehr gut zu Modellzwecken im Kleinen.

Natürlich werden diese Modellarbeiten größer sein als alles, was wir bisher in der Baukunst erlebten; die Pyramiden im Pharaonenlande werden gegen diese Harzmodelle wie Spielzeug wirken.

15. Februar 1908.

Die großen Kanal- und die großen Dammarbeiten dürfen natürlich nicht ohne Vorbedacht unternommen werden. Und deshalb sind im Harz entsprechende Modellbauten für die »großen« Zukunftsarbeiten auszustellen. Das Raffinierteste architektonischer Raumkunst ist hierbei vorzuführen.
Große Straßen – riesige Terrassen –
Und Schluchtenarchitektur

17. Februar 1908.

Das Bodetal kann man ja so lassen – des Kontrastes wegen – den Brocken vielleicht auch.
Im übrigen kann man zeigen, wie vierhundert Meter hohe senkrechte Wände
wirken. Und die kann man plastisch ornamentieren. Und in den plastischen Ornamenten können Villen hinein gebaut werden, zu denen man nur mit Fahrstühlen hinaufkann.

Ganze Terrains sind nur für wirkungsvolle Turmarchitektur freizulassen.

Und natürlich muß man Hausbaumaschinen erfinden, von denen die größten Türme gemacht werden, ohne daß sich Menschenhände bewegen.

Nur die Räder arbeiten – ohn Unterlaß.

Es ist etwas ermüdend und angreifend, sich eine derartige Bautätigkeit vorzustellen; darüber allein können ruhig ein paar tausend utopische Romane geschrieben werden.

19. Februar 1908.

Alles, was im sechzehnten, siebzehnten und achtzehnten Jahrhundert fürstliche Gartenarchitektur schaffen wollte, kann jetzt in ganz anderen Dimensionen hervorkommen – und auch die geschweiften Kurven werden zu ihrem Recht gelangen -nicht nur die rechteckigen Formen – und die Kristallformen...

Unsäglich viele Haus- und Villenmodelle sind zu schaffen – und natürlich auch Stadtmodelle – die Städte, die nicht nach Modellen entstanden, werden zu Stapelplätzen für Waren und Rohmaterial.

Es ist sehr irrtümlich, wenn jemand glauben möchte, daß mir mein Architekturpark im Harz komisch vorkommt -komisch kommen mir nur die sogenannten »modernen« Städte vor – ihr Untergang wird ein Labsal für meine Seele sein.

Man sieht, daß ich in meinen Phantasiegebilden mit Europa und Amerika recht summarisch vorging; den Panamakanal herzustellen, erschien mir als wirkliche Bagatelle – ein paar Monate genügten dafür -nach meiner Meinung.

Der Februar des Jahres 1908 war für mich ein ziemlich ernster Monat; in mir keimte schon eine Art Fanatismus auf, und ich konnte es gar nicht ertragen, daß mir Jemand widersprach.

Trotzdem blieb die Lustigkeit nicht ganz und gar aus, dafür spricht die folgende kleine Skizze:

Der barbarische General

Im Jahre 2050 p. Chr. n. lebte im Lande Germania ein General, der bösartiger war als alle anderen Generale seiner Zeit zusammen.

Damals führten grade die Europäer mit den Amerikanern einen großen Bombenkrieg. Es gab da viele Bombenerfolge für die allermodernste Kriegswissenschaft. Und trotzdem lebten die Amerikaner ruhig weiter.

Dieses ärgerte natürlich den bösartigsten General seiner Zeit, der in Germania den Oberbefehl inne hatte.

Was tat nun dieser Grausame, der den Namen Kuhlmann führte?

Kuhlmann arbeitete einen Plan aus, der ganz Amerika überschwemmen sollte.

Er wollte ganz Europa mit riesigen Wällen umziehen und dann das mittelländische Meer und die Ostsee in den atlantischen Ozean hineinspritzen mit Hilfe von 2 Billionen Perpehs.

Ein einziger Aufschrei des Entsetzens war die Antwort auf diesen barbarischen Plan; man schloß sofort mit Amerika Frieden.

Kuhlmann saß da und war sehr erstaunt.

Da trat ein junger unternehmungslustiger Impresario in sein Zimmer und sagte:

»Exzellenz! Wir machen jetzt Tournee durch Amerika, und Sie führen überall Ihren Plan mit Karten und Vollmodellen vor. Bombenerfolg sicher. Kommen Sie gleich mit.«

Der General tat, wie der Impresario sagte, und die Amerikaner haben sich köstlich an den Kuhlmann-Abenden amüsiert.

Wäre der Impresario nicht gleich nach dem letzten Vortragsabend mit der ganzen Kasse spurlos verschwunden, so wäre der General Kuhlmann als steinreicher Mann nach Europa zurückgekehrt.

Doch das nur nebenbei.

Da mir die Vaterländer nicht mehr lebensfähig vorkamen – des perpetuierlichen Perpehfahrens wegen, so kam mir auch der Militarismus nicht mehr lebensfähig vor – er hatte für mich nur noch eine
Witzblattbedeutung

Bedenklicher deuchte mir, daß man größere Erdbohrungen vornehmen und dadurch eine innere Verletzung des Sternes Erde hervorrufen könnte.

Wenn ich aber bedachte, wie vorzüglich die Erde ihre beiden Polarländer bislang zu schützen wußte, so dachte ich:

»Sie wird schon wissen, wie sie es macht, daß ihr das irdische Oberflächengewürm nicht gefährlich wird.«

Allerdings: es wollte mir plötzlich nicht einleuchten, daß man dem groben Unfug, der auch durch die Perpetua möglich gemacht wurde, so leicht Einhalt tun könnte. Daß der Militarismus zunächst alle seine Kanonen auf Perpetua stellen würde – das war ja klar. Schließlich würden die Räder abgerichtet werden, ganz allein ohne Mannschaften die Kriege zu führen. Und dieser grobe Unfug ließe sich ja wohl mit lachender Miene ertragen.

Aber: was man alles umwerfen konnte mit diesen perpetuierlichen Maschinen! Alle Wetter! Mir wurde, als ich daran dachte, doch etwas plümerant zu Mute.

»Und,« sagte ich zu mir, »wird man deswegen mit dem Erfinder nicht auch sehr summarisch abrechnen? Die Wut der Vaterländer zu ertragen, wird keine Kleinigkeit sein. Am besten ist: ich ziehe mich
beizeiten zurück und lebe bis an mein Lebensende ganz inkognito.«

Am harmlosesten erschien mir noch die Revolution in der Uhrenindustrie.

Und doch – selbst da –

Über alle diese bevorstehenden Revolutionen ließen sich zehntausend utopische Romane schreiben; der Stoff läßt sich in emtausend Romanen nicht überwältigen.

Wenn ich an die armen Physiker dachte, packte mich beinahe das Mitleid; sie hatten so lange den Mund so voll genommen und sich immer so ungeniert als Erklärer des Weltganzen

aufgespielt – und ein Perpetuum mobile so energisch für »gegen die Naturgesetze verstoßend«
erklärt...

Und nun komponierte ich lange Reden, in denen ich's den verhaßten Herren endlich so
hübsch milde sagen wollte, daß ihr Gebahren sehr komisch sei, da ja der Materialismus längst
als »philosophisch unmöglich« abgetan wurde – und damit die »kosmische Bedeutung« des Phy-
sikers auch abgetan wurde.

»Alle uns bekannten physikalischen Dinge,« sagte ich, »sind psychische‹ Eigenschaften« des
Sterns Erde – auch die Anziehungskraft – und diese ganz besonders. Es
ist durchaus unwahrscheinlich, daß diese psychischen Eigenschaften des Sterns Erde in unserm ganzen Planetensystem zu finden sind.«

Der Physiker wird eben von Psychiker angegriffen – und totgemacht.

Halten wir uns nicht weiter darüber auf.

Alle Physiker erklären immer, daß man nicht wisse, was die Elektrizität eigentlich sei – sie
sollten aber auch sagen, daß uns die Anziehungskraft ebenfalls vollkommen unverständlich ist.

Das phänomenalste Wunder aller Zeiten ist, daß wir auf der Erde ruhig gehen, sitzen und
liegen können, ohne ins Weltall hinauszufliegen. Es ist gar nichtnatürlich, daß sich zwei Körper
gegenseitig anziehen; ob sie das in dem Räume, der jenseits von unsrer Erdatmosphäre da ist,
auch tun, wissen wir noch gar nicht. Von kosmischer Anziehungskraft darf man gar nicht reden.
Kurzum: dem Physiker ist das Wort »Kraft« gewissermaßen zu entziehen – er hat mit dem Wort
»Kraft« viel Unheil angestiftet.

Doch – jetzt will ich vorläufig nur von dem sprechen, was zur weiteren Entwicklung der
sogenannten »Erfindung« gehört – die natürlich wie alle Erfindungen besser mit dem Namen
»Entdeckung« belegt werden müßte; das Finden und Erfinden hängt von uns Menschen ganz
bestimmt nicht in erster Linie ab.

Ich ging leider allmählich von der ersten Idee ab, ohne deren Wert oder Unwert genügend
durchschaut zu haben. Und da ging denn bald sehr viel durcheinander, und ich ließ das speichenlose Rad fallen und dachte an eine Romposition, die ungefähr der Figur 4 entspricht. Daß
es so nicht gehen konnte, war mir bald sehr klar, und ich wurde es müde, mich weiter mit der
Geschichte zu beschäftigen.

Den ganzen März 1908 hindurch schrieb ich astrale Novelletten, die auf den Asteroiden spiel-
ten, auf denen ja die »Schwerkraft« nicht so schwer ist wie auf der Erde.

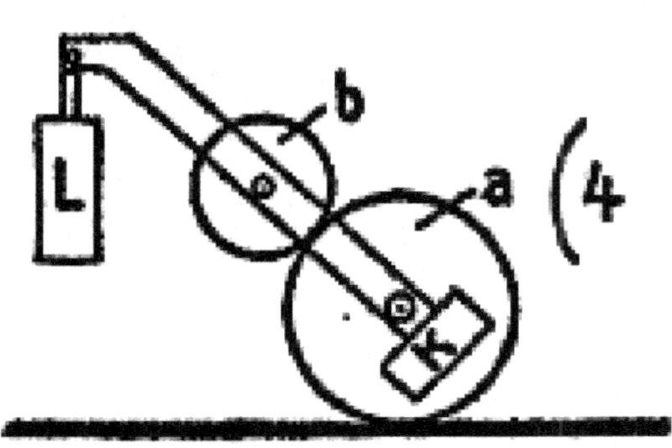

Daß auf den anderen Sternen anstelle der Schwerkraft eine ganz andre Kraft oder Sternei-
genschaft tätig sein könnte -daran dachte ich damals allerdings noch nicht; man löst sich sehr
langsam von eingewurzelten »Vorurteilen« los.

Diese rein künstlerische Tätigkeit erstickte aber die Ideengänge vom Januar und Februar nicht so ganz, und Ende März schwamm ich wieder im alten Fahrwasser – aber nun kam ich endlich darauf, die Rutsche (R) außerhalb des speichenlosen Rades anzubringen (Fig. 5). Das störende Rad c war damit fortgebracht.

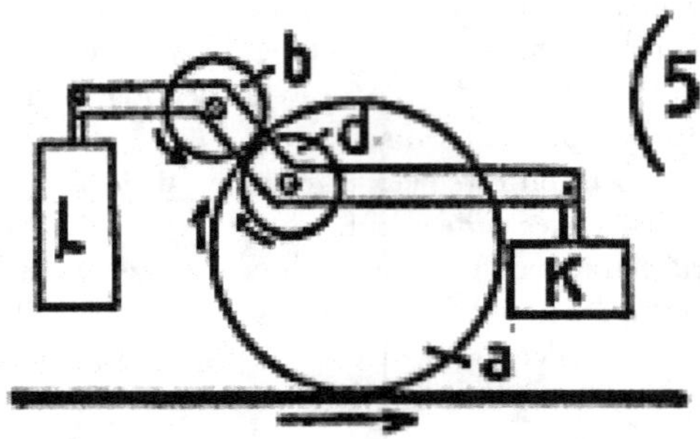

Daß die Sache immer noch ein Balancierscherz blieb, da R und L ein solches Gewicht haben mußten, daß das Runterfallen auf einer der beiden Seiten unmöglich wurde – das störte mich nicht viel.

So kam ich im April 1908 zu Figur 6 -und die reichte ich am 15. Mai 1908 dem

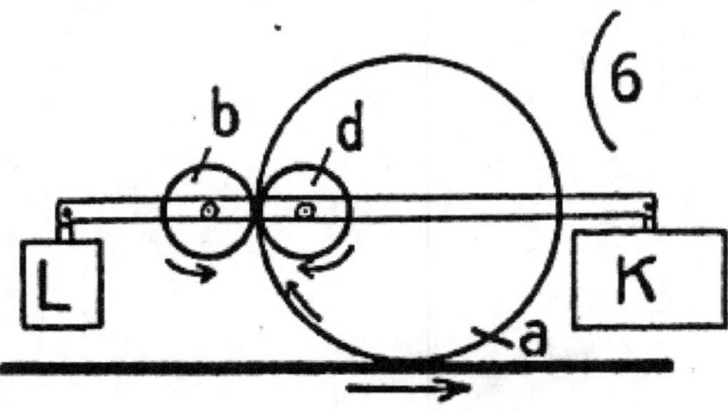

Patentamt ein – nicht, weil ich glaubte, so die Geschichte gelöst zu haben – ich hoffte nur, daß so eine weitere Entwicklung kommen würde.

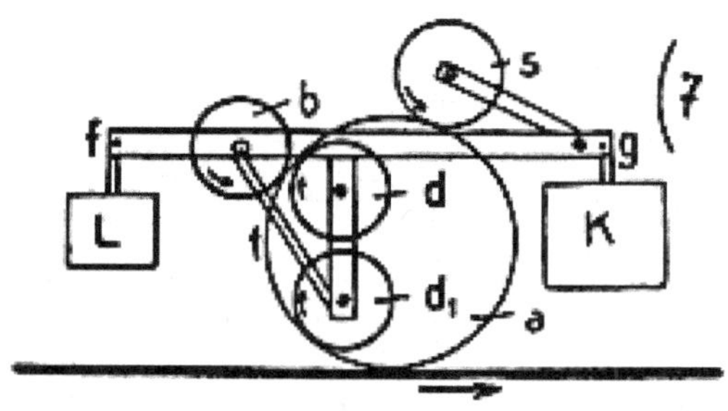

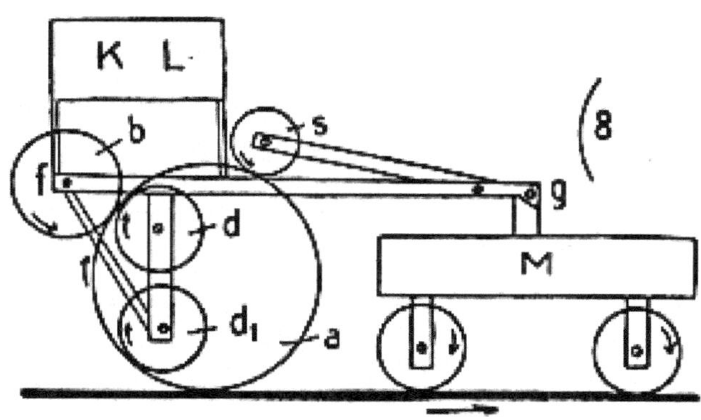

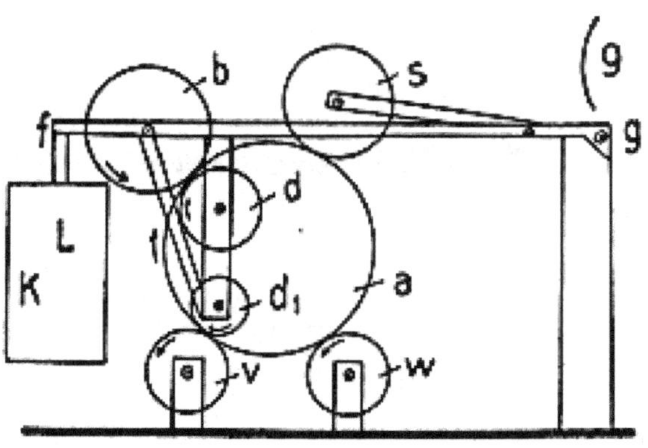

Und ich täuschte mich darin nicht; ich wurde von andrer Seite auf den großen Reibungswiderstand aufmerksam gemacht und fügte daher dem System ein einfach aufliegendes Schwergewichtsrad s hinzu (Fig. 7). Leider fügte ich auch noch Rad d thinzu, das nicht nur überflüssig ist – es ist auch sehr störend, wie sich später ergeben sollte.

Nun war das ganze zwar eine sehr wacklige Geschichte – aber ich ging doch schon damit zu einem Mechaniker. Der erklärte nun das System für nicht stabil, und ich machte es dann sofort

(Figur 8) auch stabil, indem ich g an einen Extrawagen M knüpfte und für Fabrikbetrieb an einen festen Balken (Fig. 9).

Das gab ich auch dem Patentamt und -atmete auf. Es war am 2. Juni 1908.

»Entweder geht es,« dachte ich, »oder es geht nicht – eine dritte Möglichkeit gibt es wahrscheinlich nicht.«

Und ich war sehr froh, daß ich jetzt »vorläufig« mit dem ganzen Räderkram nichts weiter zu tun hatte.

Es gelang mir auch, für den Juni und Juli die Sache beinah zu vergessen; ich schrieb sehr viele astrale Geschichten, die sich alle auf andren Sternen und in ganz unirdischen Verhältnissen entwickelten.

Das war zweifellos eine der schönsten Zeiten meines Lebens; die Erde hatte ich fast total vergessen. Pekuniär ging es mir sehr schlecht; das fühlte ich aber nicht. Ich setzte nur immerzu meiner Frau auseinander, daß grade dieses schlechte Leben ein Zeichen für das Herannahen des besseren sei. Immer allerdings konnte ich sie nicht so recht überzeugen. Ich aber war so glücklich – wie man's nur sein kann, wenn man sich neue Welten konstruiert und ausmalt

Fast den ganzen August schrieb ich immer noch meine Astralika, da Patentamt und Mechaniker nichts von sich hören ließen.

Doch nun begannen die Räder wieder wirksamer zu werden. Und ich holte das alte Modell hervor und begann, von neuem damit zu arbeiten. Wohl hatte ich gesagt, daß die Geschichte nur mit Zahnrädern gemacht werden könnte. Indessen – ich dachte, es könnte auch ohne Zähne gehen, und ich versuchte es mit vier sehr schweren Rädern die ich als b und d (Figur 10) in das Doppelblechrad a hineinsetzte.

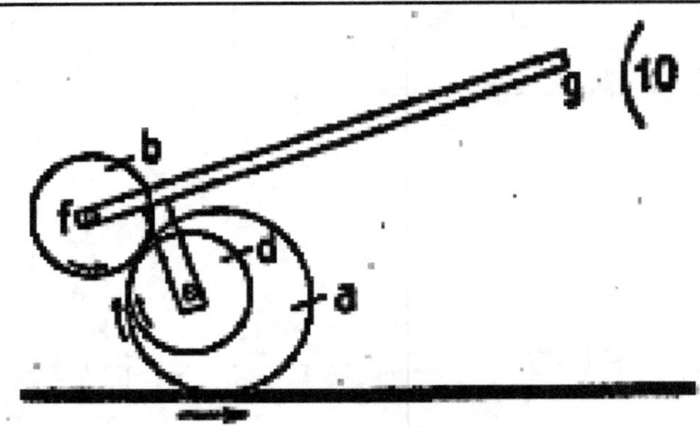

Und nun hielt ich g in den Händen – und merkte, daß sich die Geschichte wirklich bewegte – und nach meiner Meinung per-petuierlich bewegte. Das geschah am 14. August 1908. Ich glaubte, nun gewonnen zu haben.

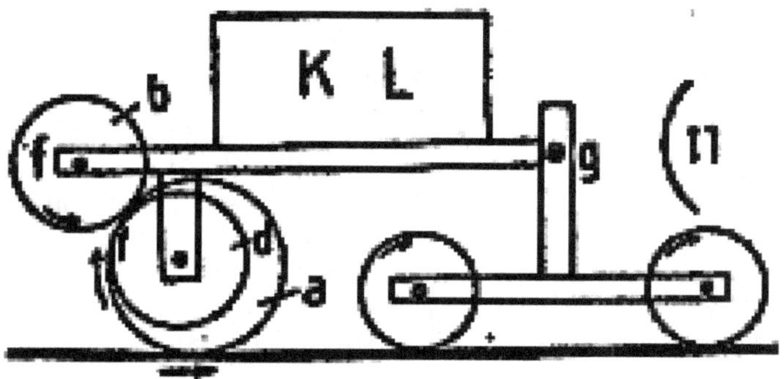

Ich wollte natürlich gleich Figur 11 praktisch ausführen. Und viele Eierkisten wurden zersägt.

Ich legte mir schon sehr vergnügt den Titel »Oberschlosser« bei – doch das half mir nichts – Figur 11 wollte nicht gehen -und ich wußte nicht, wie ich's anfangen sollte. Größere Gewichte brachen alles entzwei, und wenn ich nur drückte, so war immer die Frage da:

»Schiebst duch auch nicht?«

Und war ich ehrlich gegen mich, so mußte ich mir sagen, daß es das Drücken allein nicht machte – man schob doch unwillkürlich wie beim Tischrücken.

Unglückseligerweise sagte man mir, daß ich Rad a doch auch weglassen könnte – b auf d gesetzt müßte doch auch so funktionieren wie ich's haben wollte.

So entstand schließlich Figur 13.

Doch hielt ich immer noch prinzipiell an dem speichenlosen Rade fest und zeichnete noch Figur 12 für See- und Luftschiffe.

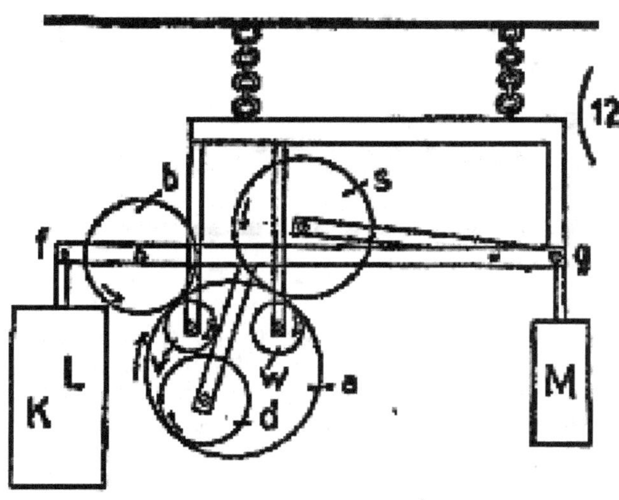

Das reichte ich auch dem Patentamt ein, und ich freute mich mächtig, daß mit der Schwerkraft eventuell auch der Motor eines »Luftschiffes ohne Ballon« getrieben werden könnte.

Ich dachte an eine neue Art von Hinrichtung: man bindet den Verbrecher auf solch einen Drachenflieger mit Schwergewichtsmotor – und der Verbrecher steigt in die Wolken empor und kommt nie wieder -niemals mehr – fährt dahin, so lange die Anziehungskraft der Erde wirksam bleibt. Auch Leichen ließen sich so wohl sehr praktisch beseitigen.

Jetzt bezweifelte ich aber die Wirksamkeit der Anziehungskraft in der höheren Erdatmosphäre – und es wurde mir plötzlich ganz sonnenklar, daß man von der Anziehungskraft im kosmischen Sinne niemals sprechen dürfte. Eine Hypothese ist es, daß die Planeten und Sonnen einander anziehen – wir wissen jedenfalls nicht, wie sich die Sterne zu einander verhalten. Wir wissen nur, daß der Apfel zur Erde fällt, wenn er vom Zweige abbricht. Das Geheimnisvolle der Anziehungskraft wurde mir »klar.«

Ja – klar! Klar war mir nur nicht, wie die Physiker dazu kamen, Jahrhunderte hindurch von einer physischen Anziehungskraft im Kosmos zu sprechen.

Es begann, eine Art religiöser Begeisterung für die perpetuierliche Anziehungsarbeit der Erde in mir zu reifen.

Figur 13 wurde dann mit schweren Eisenrädern (b und d einfach, das Rad unter g doppelt) vom Mechaniker ausgeführt -und es ging nicht.

Ich war anfänglich sehr erstaunt und glaubte, daß nur Kleinigkeiten hinderlich seien. Es war am 26. Oktober 1908.

Dann aber packte mich eine wilde Raserei, und ich glaube, meine Erregung artete in veritable Tobsucht aus – ich verfluchte alles Mögliche und benahm mich durchaus nicht vernünftig.

Nach 24 Stunden legte sich natürlich der Aufruhr.

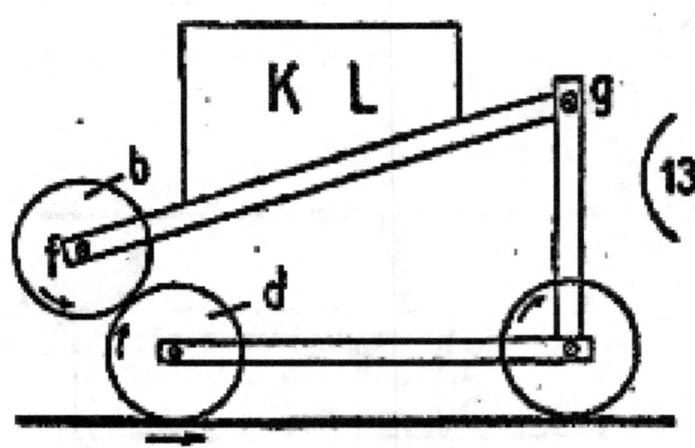

Und da begann ich erst recht, die ganze Radgeschichte von allen Seiten zu besehen – Tag und Nacht waren nur Räder vor meinen Augen – gar nichts Anderes.

Schon den ganzen September und Oktober hatte ich die Geschichte in mir herumgewälzt. Jetzt aber erst nach dem totalen Mißerfolg begann die eigentliche Arbeit. Ich stellte jetzt auch korrektere Modelle mit kleineren Rädern, Latten und Schrauben her – und arbeitete wie ein Handwerker – immerzu.

Figur 14 wurde im Anfange des November ganz korrekt von mir ausgeführt – und dieses Modell ging auch nicht.

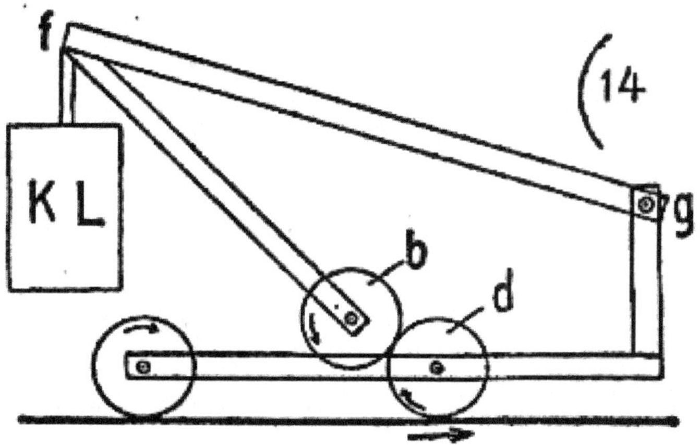

Aber ich verzweifelte immer nur für ein paar Stunden, ließ mir dann Blechführung nach Figur 15 machen und sah abermals, daß ich mich in meinen Hoffnungen getäuscht hatte.

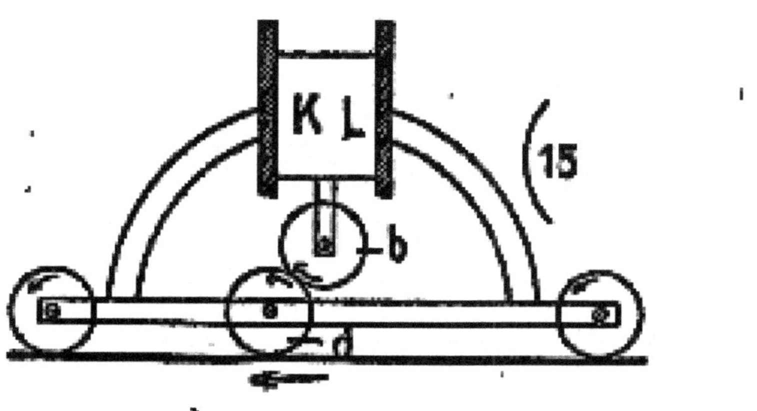

Ende November 1908 hatte ich mich schon volle drei Monate ausschließlich mit diesen Rädern beschäftigt, und ich begriff, daß man dabei sehr wohl verrückt werden könnte; die Gedanken an irgendeine andre Sache zu binden, gelang mir nicht mehr.

Meine Frau litt darunter in einer Weise, daß es zuweilen nicht mehr schön war. Immer wenn ein Modell nicht ging, kamen die Wutanfälle, und schließlich mußte ich heimlich meine ewigen Räder zeichnen.

»Du, ich kann das Wort Rad nicht mehr hören,« sagte meine Frau öfters, »mir wird schlimm, wenn Du das Wort aussprichst«.

Die Geschichte war wirklich etwas schlimm, und ich konnte ihr alles nachfühlen, aber ich kam doch nicht los von diesen »Rädern.«

Und sehr merkwürdig wars, daß ich gar nicht dahinter kam, warum die Modelle nicht funktionierten. Auf die Reden der Physiker und Techniker legte ich kein Gewicht, da sie mir nichts Greifbares boten; das Reden von Kräften war für mich einfach unverständlich. Dieses Herumtappen in einer mir gänzlich fremden Atmosphäre war mir herzlich unerquicklich. Von den Physikern aber erwartete ich keine Hilfe.

Ich bildete mir ein, daß ich trotz allem doch noch den Knoten auflösen würde -ich glaubte allmählich an das Gelingen mit blindem Fanatismus.

Und so sprang ich immer wieder über alle Hindernisse hinweg und schwelgte in lustigen Zukunftsphantasien, die mir allmählich sehr lustig vorkamen.

Ich füge hier ein paar Aufzeichnungen ein, von denen die ersteren wohl im September entstanden:

Der Millionenonkel

Man sagt mir immer wieder, daß mein ganzes System an der »Befestigung« scheitert; wenn ich g nach Figur 10 nicht an einen Wagen zu »befestigen«, hätte, so würde alles gehen.

Ich glaube aber an die Richtigkeit dieser Ansicht keineswegs. Es verhält sich wahrscheinlich Alles ganz anders. Die Räder in Figur 10 schoben perpetuierlich – also müssen sie auch einen Wagen schieben können. Ich werde schon dahinterkommen.

Jedenfalls wäre ich Millionenonkel, wenns geht.

Zwanzig Staaten können dem Erfinder wohl durchschnittlich dreißig Millionen jährlich verabfolgen – mindestens für die üblichen fünfzehn Jahre. Zwanzigmal dreißig Millionen macht sechshundert Millionen – das wäre die Summe für die staatlichen Institute der Erde, besonders für die staatlichen Eisenbahn- und Dampferverbindungen.

Etwas mehr – ungefähr achthundert Millionen könnten die gesamten Privatinstitute der Erde dem Erfinder verabfolgen.

Das würde demnach ein Einkommen von vierzehnhundert Millionen für den Erfinder »darstellen.«

Eine hübsche Summe!

Wenn man bedenkt, daß der Kaiser von Russland nur sechsunddreißig Millionen jährlich zu »verzehren« hat, so kann man sich leicht vorstellen, was ich eigentlich zu bedeuten hätte – wenn's geht.

Ich müßte wohl Ober-Millionenonkel genannt werden.

Es gäbe zweifellos eine hübsche Utopie, wenn man sich das Leben eines derartigen Oberpotentaten ausmalen würde; ich aber werde diese Utopie nichtschreiben – denn ich sehe auch hier abermals wieder nur die Schattenseiten; Geldverteiler würde ich sein – weiter nichts. Und ich wüßte eigentlich nicht, warum ich eine derartige Zahlmanns-Rolle als besonders beglük-kend zu betrachten hätte; außerdem – es paßt mir einfach nicht.

Die Genüsse, die ich mir für vierzehnhundert Millionen jährlich kaufen könnte, sehen doch etwas mager aus. Diese Unsummen »binden« mich ja an die Andern. Und ich bin nicht gerne angebunden.

Und die Genüsse kommen mir allesamt etwas kindlich vor. Die Genußfreudigkeit kennzeichnet ohne Frage den Dilettanten – der muß immer genießen – weil er ja zum Schaffen (was ein wenig mehr ist als Genießen) beim besten Willen nicht kommt.

Allerdings ich könnte viele Sternwarten, Obertheater, Oberverlagsanstalten und Oberzeitungen und Oberarchitekturausstellungen, nebst anderen Oberinstituten gründen und fördern und pflegen.

Aber – dann könnte ich nicht mehr eine Zeile schreiben – gar nichts Eigenes mehr machen – ich hätte nur täglich sechzehn Stunden hindurch die Vorträge meiner Ratgeber anzuhören – und wäre sicherlich bald so weit, daß ich nicht mehr blau von rot unterscheiden könnte.

Man würde mich in der nichtswürdigsten Art umbringen.

Und alle die, die von mir durch diese bequem fließenden Geldmassen »gefördert« würden – wären sicherlich auch bald »abgetan« – denn »Genießen« strengt an.

Amen!

Man könnte allerdings entzückende Spaße arrangieren – so dachte ich schon daran, meiner Frau die Führung von Zentralküchen anzuvertrauen, in denen alles gratis verabfolgt wird – jedoch nur an die »Eingeborenen«. Im Grunewald bei Berlin würde dann eine solche Zentralküche nicht viel zu tun haben – und in Monaco auch nicht.

Das sind Spaße – freilich!

Warum sie in plumper Wirklichkeit ausgeführt werden sollen, sehe ich beim besten Willen nicht ein.

Jetzt kommt aber der große Kladderadatsch

Bankinstitute sind Institute, die ich eigentlich gar nicht kenne. Wenn aber mein Rad geht, so werde ich sie kennen lernen. Aber – das wird keine angenehme Bekanntschaft werden.

Man wird mir eben nicht wohlwollend begegnen. Denn – ich bin es schon gewohnt – wenn ich irgendwo auftauche, so erscheint gleich hinter mir die große Pleite. Und in dem Falle, daß das Rad geht, sind alle Bankinstitute – alle – zweifelsohne der großen Pleite ausgeliefert.

Wenn die Kohle plötzlich wertlos ist, verlieren die Banken Milliarden.

Auch die kostspielige Automobilindustrie ist plötzlich wertlos.

Und dann müssen die größten sozialen Umwälzungen folgen. Alle Revolutionäre werden jubeln und jauchzen und sich fürchterlich betrinken.

Und jeder Erzrevolutionär wird feierlich sagen:

»Vom Lächerlichen zum Erhabenen ist auch nur ein Schritt.«

Es wird eine große Goldrevolution werden.

Das Gold ist nicht so bedeutend, weil die Kinder, Neger und Raben immer nach dem Blanken greifen – das Gold ist bedeutend, weil es von der Erde am stärksten angezogen wird und demnach sich vorzüglich zu Belastungszwecken in Perpehsystemen eignet.

Eine Umwertung des Goldes wird also eintreten, und man wird nicht mehr arbeiten wollen für dieses blanke, künstlerisch so unsäglich wertlose, unsympathisch wirkende Metall.

So kann's denn kommen, daß man kaum für zwanzig Mark ein Glas Bier bekommen könnte.

Und man wird viel Veranlassung zum Lachen haben – was mir sehr sympathisch ist, da es, die Verdauung zu befördern, immer sehr geeignet erscheint.

Am meisten freut mich, daß mein Einkommen von vier Millionen täglich – zur Chimäre wird.

Wer soll mir die denn zahlen, wenn alle Bankinstitute zahlungsunfähig sind?

Diese »erhabene« Revolution! Viele viele Romanschriftsteller werden sie gleich ausmalen wollen.

Ich aber tu's nicht, da ich niemals tat, was viele Andere schon tun...

Die veraltete Arbeit

So lange die Menschheit existiert, hat man immer die Arbeit sehr hoch geschätzt.

Und d0r Arbeiter war immer sehr stolz auf sein Tun und Treiben, der nichtstuende Künstler und der unpraktische Dichter wurden immer vom echten Arbeiter so recht von oben herab behandelt.

Das wird nun ganz anders werden.

Der Arbeiter muß leider einsehen, daß all sein mühseliges stumpfsinniges Arbeiten ganz überflüssig ist, da ja die Erde durch ihre perpetuierliche Anziehungsarbeit alles, was wir brauchen, ganz alleine besorgt.

Der Stolz des Arbeiters ist also ebenfalls dahin.

Die soziale Frage ist endlich gelöst.

Was nur die Sozialdemokratie zu dieser großen Arbeitsrevolution sagen wird!

O – Komödien an allen Ecken und Enden.

Mir tun nur die Satiriker leid, denn die werden sich auch plötzlich für überflüssig halten müssen.

Das Perpeh wäre auch eine ungeheuerliche Demütigung des Menschengeschlechts.

Der Stern Erde ist eben von erdrükkender Großartigkeit.

»Alles« redet zu uns eine eigene Sprache, wir müssen die Sprache nur verstehen lernen.

So wird der Stern Erde sprechen zur Menscheit:

»Was regt Ihr Euch so auf? Ihr braucht ja gar nicht in simpler Arbeit zu verkommen. Ihr braucht nicht mehr auf irdisches Jammerleben zu schimpfen. Ihr habt auch nicht mehr das Recht, auf Eurer kleinen Hände Arbeit stolz zu sein. Nachdem Ihr das Perpeh »entdeckt« habt, müßt Ihr ja einsehen, daß ich Alles für Euch tue. Ihr habt früher gar nicht bemerkt, daß ich Jahrtausende hindurch ohne Unterbrechung für Euch die ungeheuerlichste Fülle

von Arbeit leistete. Und jetzt könnt Ihr endlich mal mehr sein als stumpfsinniges Vieh. Ihr könnt wie die Götter eine Welt schaffen in Eurer Phantasie. Was ich für Euch tat – ist mehr als Ihr ahnt. Betet mich an. Ich bin die Gottheit, der Ihr Alles verdankt – Alles – Alles!«

Die große Störung

[Bild nicht gefunden] Es ist zweifellos, daß das Perpeh auch eine große Störung in der Lebens-
führung der Menschheit bedeutet. Man könnte sehr wohl sagen: kommt dieses große Glück
nicht zu früh? Sind wir denn schon reif für dieses neue Künstler- und Götterleben? Unsre Phantasie ist ja noch nicht einmal so weit, um die Folgen dieser Entdeckung nur im allgemeinen
zu überblicken.

Aber – wir haben das Ganze hinzunehmen – wie ein Naturereignis, und wir müssen auch mit
den üblen Begleiterscheinungen zufrieden sein.

Die Geschichte wird wie ein kolossales Erdbeben wirken – und viel – sehr viel -wird dabei
zusammenstürzen.

Das feierliche Schweigen

Und es wird ein feierliches Schweigen kommen, wenn man sich von dem ersten Schreck erholt hat.

Und alle unsre religiösen Anschauungen werden einer gründlichen Revision unterzogen werden.

Und man wird nicht mehr vom unendlichen Allgott sprechen – der ist viel zu groß für uns.

Und man wird sagen, daß auch die Gottheit »Erde« eigentlich viel zu groß für uns ist.

Und dann wird das große Schweigen voll religiöser Ehrfurcht sein.

Räder und Ringe

Die Räder haben bereits eine große Bedeutung für uns gehabt – denn den Eisenbahnen verdanken wir die gefährliche Zentralisation der Menschen in den Großstädten. Der Dampf und die Elektrizität haben uns auch viel Roses gebracht – fast eine Verwirrung unsres gesamten Geisteslebens, da es ja nicht mehr geleugnet werden kann, daß wir dem vielen Fahren in unsrer Zeit eine veritable Gedankenflucht im Menschengehirn verdanken, die einen Niedergang der Kultur erzeugte.

Und so wird das Perpeh auch nicht so ohne weiteres nur einen Fortschritt bedeuten.

Köstlich erscheint mir, daß das speichenlose Rad, von dem ja die ganze Entdeckung abhing, eigentlich ein Ring ist. Die Ringsymbolik deutete also auf das große Perpeh hin...

Die astrale Richtung

Es ist mir sonnenklar, daß ich diese ganze Radgeschichte nur erlebt habe, damit mir die Bedeutung des Sterns Erde klarwürde.

An der würde ja auch nicht viel zu rütteln sein – auch wenn das Rad nicht perpe-tuierlich gehen würde.

Wärme, Dampf, Elektrizität und Magnetismus sind doch ebenfalls perpetuierliche Arbeitsleistungen des Sternes Erde – das dürfen wir jetzt nie mehr vergessen. Der Physiker hat seine Weisheit fürderhin anders zu formulieren; man wird Mittel und Wege finden, ihn dazu zu zwingen. Es geht leider nicht anders.

Aber – da ich immer mehr von andern Sternen sprach – und damit eine astrale Richtung in der Literatur und Kunst erzeugen wollte so steh ich doch plötzlich wie ein begossener Pudel da und muß schmerzlich bekennen: ich befand mich da auf Irrwegen. Wir haben's nicht nötig, uns das Leben auf andern Sternen köstlicher als unser irdisches auszumalen. Der Stern Erde ist nach Entdeckung des Perpehs wahrhaftig köstlich genug. Alle Paradiese sind einfach nichts gegen das irdische Leben nach Entdeckung des Perpehs.

Die astrale Richtung ist bereits ebenfalls wie vieles Andere, »sehr überflüssig«.

Das tut mir doch eigentlich sehr leid

Der »Stern« Erde

Immer heftiger wirkt auf mich die ungeheuerliche Anziehungsarbeit, die die Erde ohne Unterbrechung Millionen von Jahren hindurch leistete. Die Erde selber ist ein Perpetuum mobile.

Die Verwertung der Wasserfälle ist ja schon eine Verwertung der sogenannten Schwerkraft – und die Dampfkraft ist doch eigentlich auch nur eine besondere Abart von »Schwerkraft«.

Komisch finde ich nur, daß die Menschheit immerzu ihre Arbeit für sehr wichtig hielt – und gar nicht bemerkte, daß eigentlich auch in den Dampfmaschinen doch nur der Stern Erde arbeitet.

»Mensch, werde bescheidener!« kann man nur immer wieder ausrufen.

Jedenfalls hab ich endlich eingesehen, wie groß der Stern Erde ist. Daß er fast sechsmal so schwer wie Wasser ist – das dürfen wir jetzt nicht mehr so sagen. Das geht nicht mehr. Der allgemeine Schwerkraftbegriff muß fortfallen. Schon William Thomson (Lord Kelvin) wollte die Anziehungskraft auf Ätherdruck zurückführen – ein komisches Beginnen – grade die Erde als »unbeteiligt« hinstellen zu wollen

Das erste Gebot ist nun: Lebe in Harmonie mit Deinem Stern!

Aber – was will dieser Stern Erde?

Er will immer weiter hinaus – in diese große Welt – und er dreht sich um sich selbst – vier Meilen in jeder Sekunde! –

Daraus müssen wir doch entnehmen, daß er sich alles, was um uns im Sonnensystem vorgeht, sehr genau immer wieder ansieht.

Wollen wir also mit unserm Stern Erde in Harmonie leben, so müssen wir auch tun, was er tut – nämlich: auch immerzu ins Planetensystem und in die Sonne hineinblicken.

Und somit wäre meine astrale Richtung doch ganz richtig – der »Stern« Erde will gar nicht, daß unsre Gedanken immer nur auf seiner Erdoberfläche haften
bleiben.

Das Astrale will auch der Stern Erde – er gehört ja auch zu den Sternen.

Und somit wäre meine astrale Richtung eigentlich »gerettet«.

Na-Gott sei Dank!

Man soll eine Idee nicht so schnell auf
geben – auch das »speichenlose« Rad darf

ich nicht vergessen
Dieser »Ring!«

Die Ernährungsarie

Peinlich berührte es mich immer, daß man sich auf dem Stern Erde in so lächerlicher Form »ernährt«.

Das soll wohl nur eine Verspottung der Menschen sein. Und ich glaube, daß man später mal Oblaten fabrizieren könnte, die uns alle Nahrungsstoffe in konzentrierte-ster Form bieten. Reines Eiweiß haben wir doch schon.

Bedauerlich bleibt es ja immer, daß wir nicht einfach von der Luft leben können.

Aber – dieses Unbequeme hat doch wohl einen Grund: uns soll es nicht so gut gehen auf der Erdhaut, daß wir darüber die Existenz der andern Sterne vergessen.

Dieses hab ich nun wohl schon hunderttausendmal in meinem Leben gesagt

Das Lebenselixier

Daß wir »sterben« müssen, schien mir auch niemals sehr »göttlich« zu sein.

Indessen – wissen wir denn eigentlich so genau, daß wir »leben«?

Nicht einmal den Moment, in dem wir einschlafen, können wir beobachten.

»Zur Erde sollst Du wieder werden!«

Dieser Satz könnte doch folgenden Sinn haben: es wird uns vergönnt, eine Zeit hindurch zu glauben, daß wir ein selbständiges Leben führen – in Wahrheit führen wir das gar nicht. Wir führen nur das Leben, das der Stern Erde uns zu führen erlaubt. Je mehr wir mit ihm eins sind – um so glücklicher sind wir. Und wenn wir sterben, so werden wir wieder ganz eins mit ihm. Dann führen wir ein Sternleben weiter. Unser Menschenleben ist nicht so wichtig – wie unser Sternleben – das ist nach meiner Meinung die Weisheit, die uns durch das ewige Sterben auf der Sternhaut immerzu in eindringlichster Sprache gepredigt wird.

Und deshalb hätten wir wohl keinen Grund, menschliches Sterben als kläglich zu bezeichnen.

Jeder, der mit seinem Stern Erde in Harmonie lebt, wird den Tod ganz bestimmt nicht mehr fürchten.

Ob das Rad nun ging oder nicht ging – das mußte nach dem Gesagten für mich von untergeordneter Bedeutung sein: Es kam wirklich gar nicht darauf an.

Das hinderte mich aber nicht, weiter mit den Modellen zu arbeiten.

Den ganzen November hindurch arbeitete ich perpetuierlich mit Schrauben und Sägen, daß mir die Finger oftmals sehr weh taten, da sie an so was nicht gewöhnt waren.

Das Inhaltliche der letzten kleinen Artikel auf den vorangegangenen Seiten entstand wohl erst im November, ich weiß es nicht mehr genau. Jedenfalls wurde ich allmählich ruhiger und nahm dann das Nichtfunktionieren eines Modells mit philosophischer Gelassenheit hin.

Das Wichtigste stand ja für mich fest; die perpetuierliche Arbeitstätigkeit der Erde konnte nicht mehr bestritten werden.

Und diese Erkenntnis war's wohl wert, daß ich mehr als ein Jahr meines Lebens mit »Rädern« meine Phantasie erfüllte.

Ob es nun den Menschen oder mir gelingt, die perpetuierlichen Arbeitsleistungen unsres Sterns auch in perpetuierliche Bewegungen umzusetzen, kann ja

nicht sehr wichtig sein; teilweise z. B. in der Dampfverwertung sind wir ja schon in der Lage, die Tätigkeit der Erde für unsre Zwecke zu verwenden.

Das »Prinzip von der Erhaltung der Energie« werde ich vorläufig nicht weiter beachten, da ich ja die Grundlagen der Physik angreife; wir wissen nicht, ob sich die Atome im freien Welträume gegenseitig anziehen – wir wissen nicht, ob die Sterne dieses tun – Weltgesetze zu erkennen, sind wir nicht in der Lage. Und es muß mit Energie zurückgewiesen werden, wenn Physiker die kolossale Dreistigkeit besitzen, von »Weltgesetzen« zu reden.

Ich habe nur einige von den Modellen, die im November und in der ersten Hälfte des Dezember 1908 entstanden, in der Bildertafel aufgeführt. In Figur 16 setzte ich das System auf frei schwebende Schienen und brachte g f so an, daß diese Stange rechtwinklig zur Verbindungslinie der beiden Mittelpunkte von b und d zu liegen kam.

Dann versuchte ich die Räder b und d so aufeinander zu legen, daß ihre Mittelpunkte gleich weit von g entfernt waren (Figur 17).

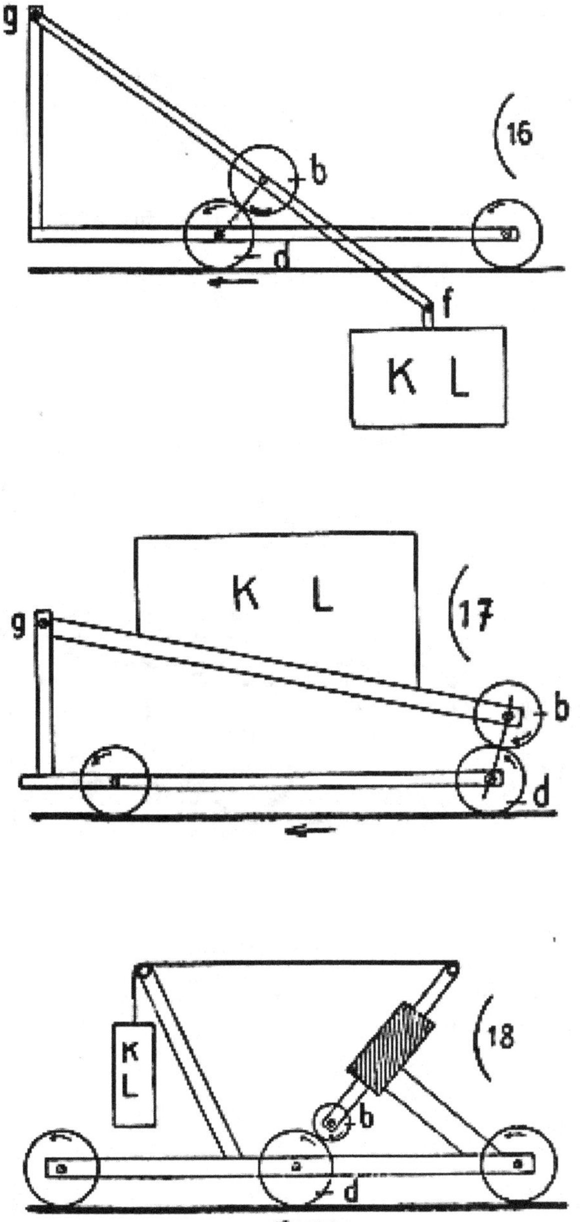

In Figur 18 gebrauchte ich abermals die Blechführungen (das Schraffierte) und bemerkte plötzlich – es war am 17. Dezember 1908 – daß ja wohl durch KL das kleine

Rad b auf d mit aller Kraft aufdrückte – daß aber gleichzeitig alle am Boden liegenden Räder (also auch d) nach rechts geschoben wurden, und zwar wurden sie in eben dem Maße nach rechts geschoben, in dem b nach links schob, so daß sich also d nicht in der Pfeilrichtung bewegte, sondern umgekehrt.

Da sah ich plötzlich ein, warum die Modelle alle nicht gehen wollten: immer drehte sich d nicht in der Pfeilrichtung, wie ich auch die Befestigung anbringen mochte; Rad auf Rad ging also nicht.

Da hab ich herzlich lachen müssen, daß ich diese simple Sache nicht früher eingesehen hatte. Und ich gab das ganze Perpetuum mobile auf. Und ich war gar nicht traurig darüber.

Das hielt aber nur ein paar Tage an. Wenn ich auch die Räder verlassen wollte, sie verließen mich nicht mehr. Und schon am 20. Dezember holte ich das alte »speichenlose« Rad wieder hervor.

Und da sah ich denn bald, daß (Figur 19) d in a durchaus in der Pfeilrichtung sich bewegen mußte – grade weil die unteren

Stangen auch in der Pfeilrichtung nach links bewegt wurden. Das ganze System mußte demnach nach rechts gehen -gezwungen durch die Weiterbewegung von a nach rechts.

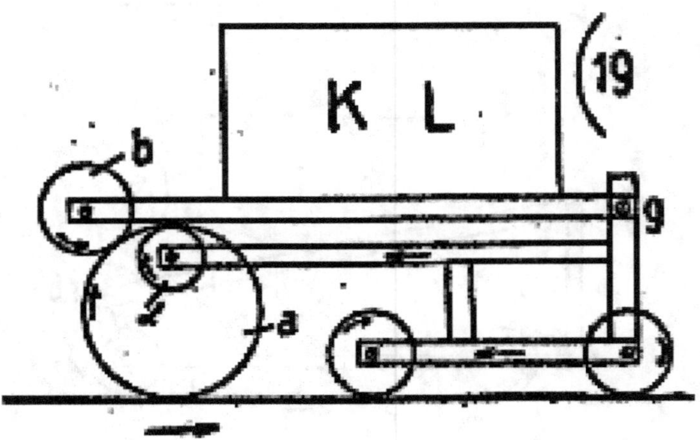

Das Modell nach Figur 19 hatte nur den Fehler, daß a aufgehoben wurde, wenn es nicht schwerer als KL war.

Im Januar 1909 wurde dann ein Modell nach Figur 20 fertig, in dem die Mittelpunkte von a b und d in einer Linie lagen; d kann natürlich auch an der »punktierten« Schiene angebracht werden.

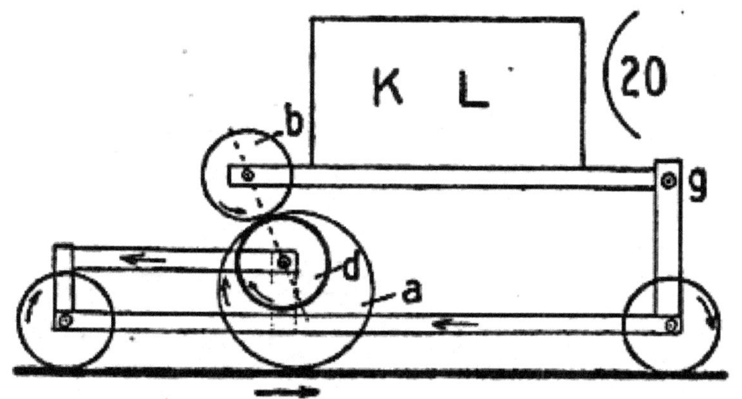

Leider gelang es mir nicht, das Modell akkurat zu bauen, daß Gewichtsauflage möglich wurde. Aber ich sah doch, daß ich mich nicht getäuscht hatte.

Am 8. Januar 1909 wurde dieses Letzte auch dem Kaiserlichen Patent-Amt in Berlin eingereicht.

Es kann nun nicht meine Aufgabe sein, denjenigen, die nicht an die Geschichte glauben, meinen Glauben aufzusuggieren; durch den Glauben allein wird ja noch nichts in perpetuierliche Bewegung gesetzt.

Jedenfalls muß das Rad d so in a angebracht werden, daß es in a auf schiefer Ebene runterrollt.

Natürlich – d kann gar nicht runterrollen, da sich die Drehung von d gleich in die Drehung von a umsetzt, a wird von b und d auf beiden Seiten angepackt und zur Drehung durch die notgedrungene Drehung von b und d gezwungen.

Ob das schließlich nur in Zahnrädern ausgeführt funktioniert, weiß ich nicht. Aber klar ist ja wohl das Ganze. KL – dieser Kladderadatsch – drückt perpetuierlich -und b und d können sich, obschon sie sich immerzu drehen, dem Mittelpunkt der

Erde nicht um den kleinsten Bruchteil eines Millimeters nähern und somit läuft das System ohne unser weiteres Zutun dahin, so lange die Räder nicht kaputt gemacht sind.

Es ist zweifellos, daß diese Radgeschichte recht viel Staub aufwirbeln wird.

Jedenfalls wissen wir jetzt, daß Alles vom Willen des Sterns Erde abhängt.

»Verdient« haben wir alle zusammen das Perpetuum mobile nicht.

Aber wir müssen auch einsehen, daß unsre Arbeit nicht für wichtig gehalten werden darf, da unser Stern so unsäglich viel mehr ist und arbeitet – als wir

Wenn wir das eingesehen haben, so haben wir eigentlich genug eingesehen; wir sollten nur nicht wieder darauf verfallen, gleich an den unendlichen Raum zu denken. Von »Weltgesetzen« zu reden, sollten wir uns gänzlich abgewöhnen; Theorien, die darauf hinzielen (wie der sogenannte Monismus), sollten wir nicht mehr ernst nehmen.

Zehlendorf bei Berlin den 4. März 1909

Von einem Klempner wurde ein Modell hergestellt, in dem die Räder so angesetzt waren wie auf Zeichnung 21.

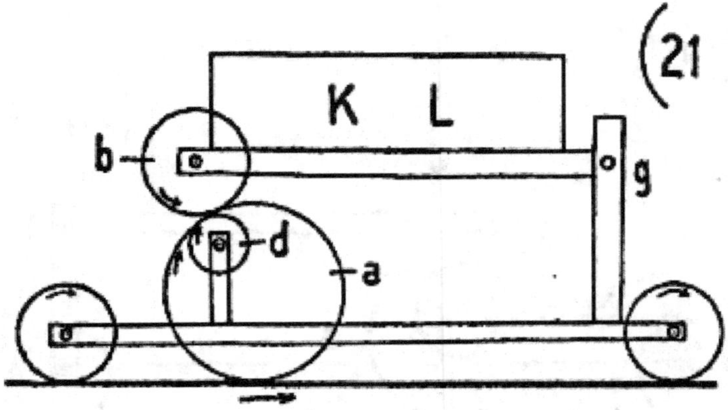

Die Räder drehten sich so schwerfällig, daß ich nicht sehen konnte, ob die Geschichte ging oder nicht ging. Auf dem Boden waren zweifellos drei Reibungswiderstände zu überwinden. Und das Andrücken von b und d an das speichenlose Rad a erzeugte natürlich eine Klemmung.

Ich aber glaubte, daß das Problem trotzdem gelöst sei.

Ich tat aber nichts weiter in der ganzen Angelegenheit. Die Zeichnung des Modells stand ein ganzes Jahr hindurch auf meinem Schreibtisch – und ich beschäftigte mich mit andern Dingen – besonders mit Luftgeschichten und mit dem grandiosen

Luftmilitarismus, der nach meiner Überzeugung dem Land- und Seemilitarismus den Garaus machen mußte.

Das begriffen die guten Menschen nicht so schnell – und ich schrieb öfters dasselbe mit andern Worten. Und ich erkannte dabei die ganze lächerliche Schwerfälligkeit des menschlichen Denkens – und die fing an, mich anzuekeln. Und ich wunderte mich schließlich nicht, daß die Gelehrten auf Stern Erde auch mit der Schwerkraft nichts anzufangen wußten; immer betonten sie, daß eine Last, wenn sie mal sich dem Mittelpunkt der Erde nähert, wieder hinaufgehoben werden muß. Und daß deshalb ein Perpetuum mobile unmöglich wurde, erschien Allen als Axiom. Sobald aber wie in Zeichnung 21 die Last nicht dem Mittelpunkte der Erde sich näherte – mußte man die schönen, »wissenschaftlichen« Reden wie altes Eisen behandeln

Kurzum: ein ganzes Jahr stand die Zeichnung wie gesagt auf meinem Schreibtisch, und ich kam auf keinen neuen Einfall. Da sah ich mir plötzlich am 30. Januar 1910 Zeichnung 13 noch mal genauer an. Und ich dachte: d dürfte nicht auf den Erdboden gestellt werden. Demnach setze d auf das freirollende Zahnrad z – und die Sache läuft perpetuierlich, da d mit seiner ganzen Last auf z drücken kann. Das gibt dann einen Drucklastmotor, der auch Wagen zu führen vermag, die Axe von z kann alles in Bewegung setzen siehe Zeichnung 22).

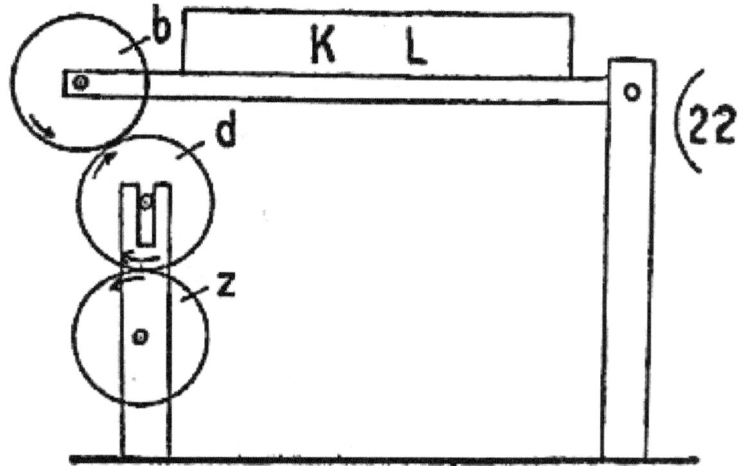

Konträre Drehung des unteren Rades, Reibungswiderstand und Klemmung -diese drei Hindernisse waren dadurch überwunden.

Ich hatte urplötzlich einen stehenden Drucklastmotor gefunden, der auch hängend und auch im Wagen wirksam sein konnte. Drei Rädchen hatten das ganze Problem gelöst.

Nun sah das Ganze wie ein Spielzeug aus.

Und ein ganzes Jahr hindurch war ich nicht auf die höchst simple Idee verfallen, aus Zeichnung 13 ein »stehendes« System zu machen! Das war doch so einfach!

Ich kann wohl sagen, daß mir meine menschliche Intelligenz herzlich unbedeutend vorkam. Also: ein ganzes Jahr hindurch kam ich nicht so weit, daran zu denken, daß man das, was als Wagen nicht geht, doch als stehendes System mal durchdenken könnte. Ich hatte daran nie gedacht.

z ist auf Zeichnung 22 die Hauptsache. Wenn die Axe von d fest ist und unter der Axe unbehindert ist wie auf der Zeichnung, so drückt d einfach gegen b, und es dreht sich gar nichts – beide Räder haben keine Veranlassung, sich zu drehen -weder nach rechts, noch nach links. Erst z bringt das Ganze, wenn die Axse von d unten unbehindert ist, in perpetuierliche Bewegung und bildet so den Schlußstein der ganzen »für die Menschheit« so außerordentlich wichtigen Geschichte.

Friedenau bei Berlin, den 24. Februar 1910

Zweifellos war mir nun: wenn z mal anfing, sich zu drehen, so konnte die Drehung von b d und z naturgemäß nicht mehr aufhören.

Aber nun fragte es sich, ob z jemals anfangen würde, sich zu drehen. Und das kam mir schließlich immer unwahrscheinlicher vor. Schließlich hielt ich die Drehung von z für ausgeschlossen. Da mußte ich natürlich wieder über meine Leichtgläubigkeit lachen.

Trotzdem ließ mich die Geschichte immer noch nicht los. Und ich sagte mir sehr bald: was die Drucklast nicht hervorbringt, kann doch vielleicht die Zuglast hervorbringen.

Und nach einigen Umwegen kam ich am 11. März 1910 zu den Zeichnungen 23 und 24. Durch d in Zeichnung 22 war ich auf die Schienen-Idee gekommen. Ich steckte die Axen von e und d c in Schienen. Zog ich die Stütze St unter ZL fort, so mußten sich die Räder e d c in der angegebenen Pfeilrichtung nach oben drehen. Das ließ sich leicht durch ein einfaches Experiment nachweisen.

Der Anfang der Drehung war also da.
Ich triumphierte natürlich und dachte,

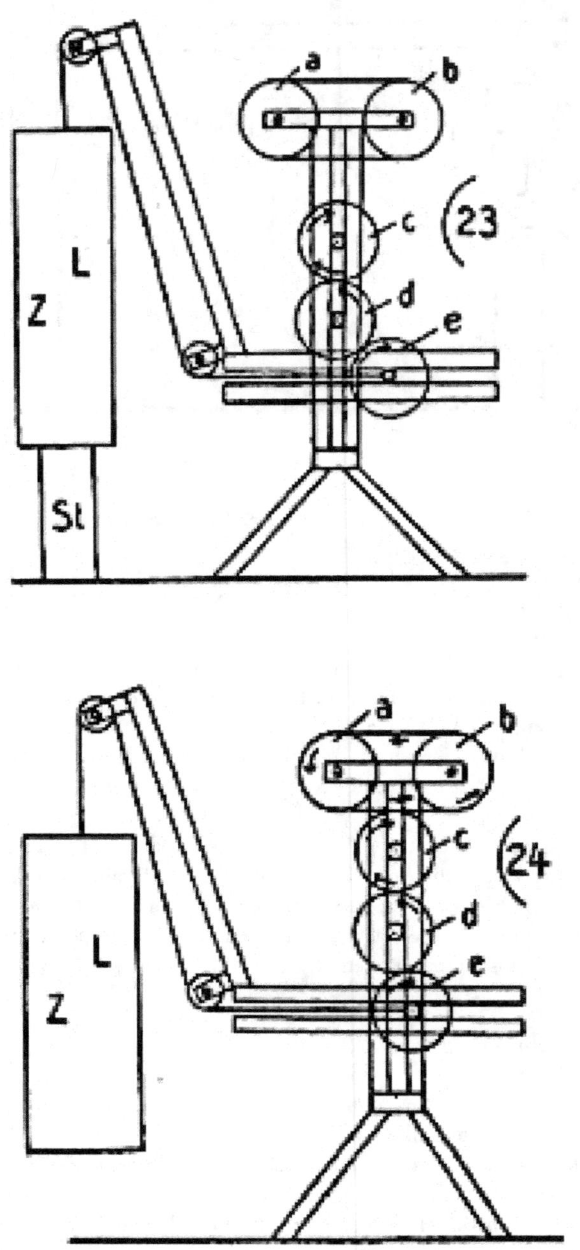

daß ich's jetzt endlich erreicht hätte. So ganz glaubte ich nach all den bösen Erfahrungen
noch nicht an die Richtigkeit meiner Kalkulationen – aber ich glaubte doch, daß ich jetzt endlich
auf dem richtigen Weg wäre.

Traf c oben (Zeichnung 24) die um a b geschlungene Zahnkette, so mußte sich die Drehung von c auf a b in der angegebenen Pfeilrichtung übertragen.

Natürlich – die Axe von e mußte weiter nach rechts liegen, durfte die senkrechte Schiene nicht berühren. Das ließ sich leicht machen, wenn e größer als die anderen Räder gemacht wurde, e war somit das Hauptrad – und ich nannte es von jetzt ab a.

Und da fing die interessanteste Periode an: ich kombinierte die Schienen, Axen und Zahnketten immer wieder anders.

Und ich bemerkte plötzlich, daß sich auch hier unendlich viele Kombinationen ergaben. Wo ich so lange kahle Wände gesehen hatte, sah ich plötzlich viele offene Türen und Fenster und überall neue Perspektiven – in die prächtigste Parklandschaft hinein.

Wohl ein paar hundert Kombinationen zeichnete ich – jede immer wieder etwas anders.

Und am 1. April 1910 kam ich zu Zeichnung 25.

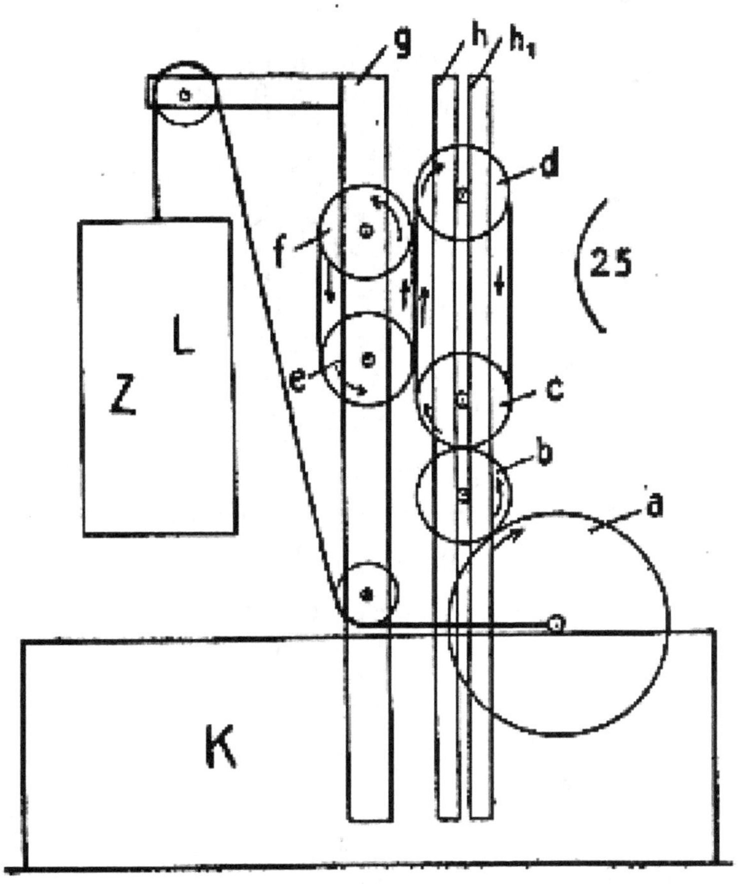

Ein Aprilscherz.

Doch ich nahm ihn sehr ernst und stieß mich nicht an dem ominösen Datum.

Ich ließ die Axe von a auf einem Rastenrande laufen. Der Rasten konnte bodenlos sein. Jedenfalls war so ein »transportabler« Zuglast-Motor da. e f seitwärts imponierte mir mächtig, d c konnte nicht höher kommen, da die ineinandergreifenden Zähne der Zahnketten von d c und e f immer korrespondierend ineinander griffen. Die Zähne von e f hielten d c auf, gaben aber gleichzeitig perpetuierlich nach.

Und am 5. April 1910 kam das Letzte die Zeichnung 26.

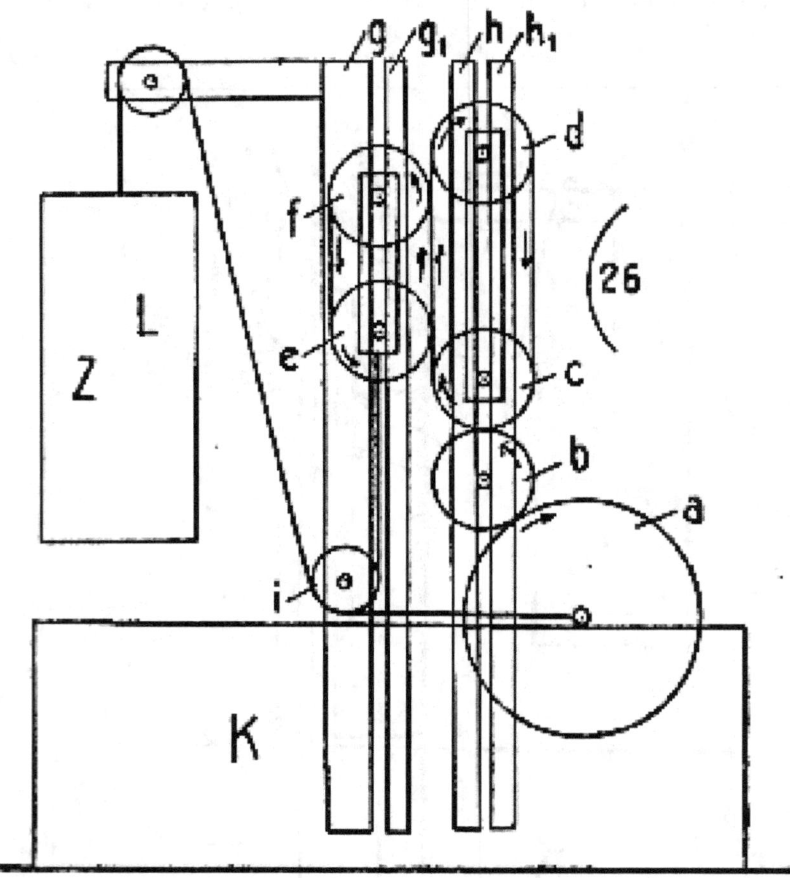

Ich brachte da auch e f in Schienen und zog mit derselben Zug-Last, mit der ich c d hinaufschob – e f hinunter.

Jetzt wirkte das Ganze jedenfalls nicht mehr so einfach – im Gegenteil.

Links konnten die Räder e f nicht hinunter, da die Zähne immer korrespondierend ineinander griffen. Rechts aber konnten die Räder c d aus demselben Grunde nicht hinauf. Und so blieb das System in derselben Höhe. Ein Runtersinken von ZL erschien mir unmöglich.

Im Monat März kam's mir zuweilen so vor, als würde ich gleich eine ganze Serie von Perpetuis erfinden. Allmählich sah ich aber ein, daß ich mit einer Lösung ganz zufrieden sein könnte.

Theoretisch ist gegen die vorliegende Lösung schwerlich etwas zu sagen. Die Zahnketten hindern das Hinaufsteigen der rechten Seite des Systems und das Hinuntersinken der linken

Seite des Systems. Gleichzeitig geben aber die Zahnketten perpetuierlich nach und werden an der Drehung durch nichts gehindert. Ich glaube, daß jetzt endlich Reibungswiderstände, Klemmungen und konträre Radwirkungen nicht mehr vorhanden sind.

Die Fachleute sagen jetzt: vielleicht kommt aber, wenn das Modell hergestellt wird, ein ganz neuer Faktor hinzu – und zerstört alles. Vielleicht!

Ich wüßte nicht, wie der neue Faktor aussehen könnte.

Wenn die Geschichte jetzt geht, ist es zweifellos das größte Weltwunder auf der Terra – ein unheimliches Weltwunder.

Wenn die Geschichte nicht geht, haben wir aber zweifellos ein noch größeres Weltwunder vor uns.

Jedenfalls ist es jetzt Aufgabe der Technik, die Sache in die Praxis zu übersetzen.

Wir können Zahnräder von 20 Metern Höhe herstellen. Mit diesem kleinen Perpetuum ließen sich demnach die größten Parlamentsgebäude umkippen – und andere noch schwerere Dinge ebenfalls.

Gesetzt, es stürbe eines Tages die ganze Menschheit aus, so würden unzählige Perpetua ruhig sich weiter drehen. Und das müßte sehr unheimlich wirken. Alle Uhren würden ruhig weiter die Stunden anzeigen, und kein Mensch würde hören, daß sie immer noch schlagen. Und das könnte so Jahrtausende hindurch fortgehen, denn das Perpetuum im Uhrbetriebe wird sicherlich sehr dauerhaft gearbeitet werden....

Das sind natürlich nur Phantasieen. Die reale Wirklichkeit ist immer ganz anders und zerstört gar viele Phantasiereiche. Und so muß ich zum Schluß ehrlich gestehen, daß ich eigentlich die praktische Verwertbarkeit dieses Perpetuums nicht sehr heftig herbeiwünsche. Die Praxis wird viele meiner Phantasieen zerstören. Das weiß ich ganz genau.

Vielleicht kommt alles ganz anders, als man denkt. Man sollte sich wohl hüten, etwas über die nächste Zukunft zu sagen. Kommt der unbekannte Faktor, der das ganze System zerstört, so wird Vieles beim Alten bleiben. Erscheint aber, was das Wahrscheinlichere ist, kein unbekannter Faktor, so werden wir Umwälzungen erleben, deren ungeheuerliche Wirkung heute noch gar nicht abgeschätzt werden kann. Wir ständen dann vor einem kulturellen Erdbeben. Sehr viele alte Einrichtungen würden zugrunde gehen. Der Verkehr würde so heftig gesteigert werden, daß man nach zwanzig Jahren nicht mehr die Nationen voneinander unterscheiden könnte. Alle Staatsverfassungen müßten sich dann eine sehr gründliche Reform gefallen lassen.

Auch die gelehrten Institute würden es nicht verhindern können, wenn alle Welt nicht sehr freundlich zu ihnen ist. Über 60 Jahre haben alle »Autoritäten« der Wissenschaft ein Perpetuum für unmöglich erklärt. Und dabei ist doch schon jedes Mühlenrad in eisfreiem Fluß ein veritables Perpetuum. Die große Erde dreht sich auch perpetuierlich und die Sonne ebenfalls. Das hat man alles vergessen und

Menschliche Weisheit ist ein komisches Kapitel. Noch komischer ist aber der, der sich über die menschliche Weisheit ärgert....

Friedenau bei Berlin 2. Mai 1910.

Ein Perpetuum mobile ist jetzt jedenfalls endgültig entdeckt – das ist das alte Mühlenrad in eisfreiem Fluß, der nicht austrocknet. Das ist aber nicht transportabel.

Andrerseits darf von der Wissenschaft fürderhin nicht mehr als erwiesen hingestellt werden, daß ein direktes Umsetzen der irdischen Anziehungsarbeit in perpe-tuierliche Bewegung »unmöglich« ist.

Dem Gesetz von der Erhaltung der Energie widerspricht dieses Umsetzen keineswegs, wenn es gelingt die Last in derselben Höhe zu halten und trotzdem mit dieser Last Räder in perpetuierliche Bewegung zu setzen. Das ist durchaus nicht unmöglich.

Die Wissenschaft hat dementsprechend ihre Anschauungen zu korrigieren.

Robert Mayer hat sich drei Jahre hindurch ebenfalls vergeblich mit dem großen Perpetuum beschäftigt. Und als er es nicht herausbekam, sagte er: jetzt kanns überhaupt Reiner fertig bringen, denn wenn ichs nicht kann, so gehts eben nicht -geistreicher als ich kann doch Reiner sein.

So aber sollten die Physiker nicht reden, es wäre doch möglich, daß man sie mal wegen Verbreitung von Irrlehren zur Rechenschaft zöge.

Ich habe nun in letzter Zeit mit vielen Technikern und Ingenieuren über die Geschichte gesprochen und dabei zu meinem allerhöchsten Erstaunen bemerkt, daß jeder Techniker und jeder Ingenieur sich mit dem Problem sehr ernsthaft beschäftigte, obgleich die sehr weise Wissenschaft die Lösung des Problems perpe-tuierlich für unmöglich erklärt; einzelne Mechaniker erzählten mir gleich von mehreren Perpetuis. Wenn das nicht eine humoristische Geschichte ist, dann weiß ich nicht wo mehrHumor zu entdecken ist.

Merkwürdig ist es doch, daß auf dem Stern Erde eigentlich Alles immer auf etwas sehr Romisches hinausläuft. Jedenfalls sollten wir dieses Romische an allen Ecken und Enden nie vergessen – dann wird uns der Humor nicht so leicht abhanden kommen

Friedenau bei Berlin 16. Juni 1910.

Am 12. Juli des Jahres 1910 gelang es mir, nach Einführung eines neuen Faktors das Problem tadellos zu lösen; leider muß ich darüber schweigen, da sonst die Anmeldung bei den Patentämtern der verschiedenen Staaten hinfällig werden würde. Aber zu einem befriedigenden Schluß bin ich gekommen.

www.ingramcontent.com/pod-product-compliance
Lightning Source LLC
LaVergne TN
LVHW021010200726
843506LV00012B/2272